Diálogos de la sociedad dividida:
Lecciones por aprender del Covid-19

Diálogos de la sociedad dividida: Lecciones por aprender del Covid-19

ALLAN LATHROP FONTECILLA

Número de Control de la Biblioteca del Congreso de EE. UU.:   2020908910
ISBN: Tapa Blanda   978-1-5065-3252-3
                Libro Electrónico   978-1-5065-3251-6

Para realizar pedidos de este libro, contacte con:
Palibrio
1663 Liberty Drive, Suite 200
Bloomington, IN 47403
Gratis desde EE. UU. al 877.407.5847
Gratis desde México al 01.800.288.2243
Gratis desde España al 900.866.949
Desde otro país al +1.812.671.9757
Fax: 01.812.355.1576
ventas@palibrio.com
813528

Índice

Agradecimientos

Debo dar gracias eternas tanto a mi madre por haberme dado la vida como a mi padre por engendrarme. Sin la participacion de ambos dos este diálogo nunca hubiera existido.

Tambien debo agradecer a mi gran compañera de toda mi vida María Angélica por mostrarme el camino a diferentes culturas y a mi estimado amigo Miguel Zabaleta por su gran dedicacion en leer, comentar y editar esta edicion.

Abril 2020.

Apertura Del Diálogo

Preguntitas sobre Dios (o Las preguntitas)
(Atahualpa Yupanqui)
Un día yo pregunté:
¿Abuelo, dónde está Dios? Mi abuelo se puso triste, y nada me respondió.

Mi abuelo murió en los campos, sin rezo ni confesión,
y lo enterraron los indios, flauta de caña y tambor.

Al tiempo yo pregunté:
¿Padre, qué sabes de Dios? Mi padre se puso serio y nada me respondió.

Mi padre murió en la mina sin doctor ni protección. ¡Color de sangre minera tiene el oro del patrón!

Mi hermano vive en los montes
y no conoce una flor. Sudor, malaria y serpientes, es la vida del leñador.

Y que naide le pregunte si sabe donde esta Dios: Por su casa no ha pasado tan importante Señor.

Yo canto por los caminos, y cuando estoy en prisión, oigo las voces del pueblo que cantan mejor que yo.

Si hay una cosa en la tierra más importante que Dios es que naide escupa sangre pa' que otro viva mejor.

¿Qué Dios vela por los pobres?
Tal vez sí, y tal vez no. Lo seguro es que Él almuerza en la mesa del patrón.

Objetivo de lo escrito

Diálogos sobre nuestra actual sociedad dividida, cuales son nuestros amigos y enemigos. Observaciones que sin un método científico nos podrían dar una idea de quienes somos, porqué estamos aquí y cuál es el objetivo de nuestra vida.

1. Iniciación del diálogo
2. Sistema evolutivo: de la nada al infinito
3. Principios básicos del sentido común y la Digna Rabia
4. La igualdad de las desigualdades
5. Yo dentro del universo
6. El caos y el universo
7. La verdad y el nuevo orden del mundo
8. Los Pilares de la convivencia sana
9. La cuenta final
10. Conclusiones básicas
11. El legado
12. Covid-19

Materiales para complementar:

Lectura sobre los grandes pensadores del mundo:

- Antiguos pensadores
- Pensadores renacentistas
- Pensadores modernos
- Las máquinas pensadoras y la edad digital
- Pensadores sobre las Pandemias mundiales

Estudios que podrían ser útiles:

- La evolución del cosmos y los seres humanos
- El populismo actual y su manipulación
- Las necesidades individuales y su psicología
- Liderazgos en el Capitalismo y Comunismo
- Población y pobreza mundial
- El negocio de la guerra y las ventas de armamentos
- La edad digital y las máquinas pensantes
- El internet y sus dueños
- Educación y sociología de las distintas generaciones
- Zeitgeist (ideales y beneficios que motivan al individuo en sociedad) y los verdaderos dueños del planeta
- Los peligros de las guerras químicas
- Los experimentos genéticos y sus implicaciones
- Virus poderosos y pandemias

Advertencia al lector

Como un joven aprendiz de escritor y periodista, mi editor de entonces me dijo sabiamente:

Muchacho, el título de la noticia debe estar explicado en los primeros párrafos y no en el último, ya que los muchachos del taller cuando compaginan (arman) las páginas de la edición final pueden caparte (cortarte) el último párrafo que escribiste y dejarte sin título.

Twitter en la Edad Digital ha cambiado todo ello. El título ha pasado a ser la noticia.

En la escritura de este compendio no he seguido tal suprema ley de la escritura, ni tampoco la de Twitter, con la esperanza de que aquellos que encuentren las primeras páginas interesantes en la materia a discutir, continúen su lectura hasta el final antes de preguntarme: ¿Cuál es la temática de lo que acabo de leer?

Si realmente desean saber la respuesta de antemano: este es mi ensayo sobre nuestra propia ignorancia y estupidez.

Allan Lathrop

Prólogo

Comenzare este prologo con las **Ies** con las cuales generalmente en la actualidad se analizan los escritos: Ilusión, Ingenuidad, Imaginación, Idealismo, Ignorancia o plena Idiotez.

Al iniciar este dialogo, no pensé a fondo en estas Ies. A medida que fui avanzando en los diálogos sobre nuestra sociedad dividida comencé a comprender que probablemente la I que más definía este proyecto era en mi caso el de la *Ingenuidad*.

Ingenuamente pensé que era algo bastante lógico y simple el determinar dos cosas fundamentales: el propósito por el que estamos aquí y nuestro papel, con su estampado legado, en este diminuto planeta en una sociedad que se considera igualitaria, pero que en la realidad esta dividida horizontal y verticalmente.

Durante cinco años he estado leyendo, observando e intercambiando ideas con diferentes personas de diferentes ámbitos, tratando cada vez de profundizar más este tema de nuestra vivencia y comportamiento.

Paulatinamente la inicial ilusión de una explicación lógica y directa se fue convirtiendo en el centro mismo del debate.

La sola pregunta de ¿Quién soy yo (hombre o mujer) en nuestra sociedad? comenzó a causar gran consternación entre los dialogantes y comencé a percibir que sólo en los dogmas, ritos y misticismo se intenta definir al individuo perfecto para la sociedad dividida en que nos desenvolvemos.

He llegado a comprender que esta ilusión de perfección y explicación existencial, en la mayoría de los casos requiere total ingenuidad, y es más bien producto de una gran imaginación reforzada con una abundante dosis de idealismo, ignorancia y hasta a veces plena estupidez.

Los grandes sabios a través de la historia de la humanidad en una forma hidalga e idealista, paulatinamente y en un tiempo con lagunas del tamaño de un océano, han tratado y pienso que fracasado, de sacarnos de nuestra indescriptible ignorancia.

Por ello quiero ponerle nueva energía a la disminuida llama de nuestro bien documentado estado de somnolencia diaria en la cual vivimos.

Estamos rodeados de mentiras, leyendas, fantasmas y mitología cavernaria que nos mantiene en más aspectos de lo que pensamos en un estado de total estupidez. El término estúpido lo defino en un capítulo basado en su etimología, como un estado de aturdimiento.

Si aceptamos que cada uno de nosotros va a vivir eternamente en algún lugar aún por identificarse, y que de ser valedera dicha ascertacion, está sobrepoblada por miles de billones de almas en suspensión esperando su próxima misión, tenemos un camino demasiado corto, con escaso y bien limitado tiempo para entender nuestro propósito en este planeta.

Sin duda ello debiera ser nuestra real agenda de vida.

Ello nos daría la satisfacción que en nuestro último suspiro, podremos despedirnos con esa sensación que el camino recorrido fue maravilloso y digno de realizarse en todos sus aspectos.

Los profetas que conocemos, aquellos personajes únicos, místicos y supremos, protegidos por los dogmas, ritos y fe vigentes en este planeta, trascienden y en muchas instancias gobiernan nuestros comportamientos en la vida cotidiana.

Somos sabios de un millón de circunstancias pero completos ignorantes del resto del universo que nos rodea, incluyendo nuestro propio planeta.

Nuestra ignorancia sobre las verdaderas realidades que interrumpen el cambio hacia una mejor calidad de vida para todos, son las que en la actualidad nos guían hacia una visión equivocada y diseñada para nuestro propio fracaso como individuos.

Sin embargo, sigo optimistamente pensando que los elementos indispensables para una mejor calidad de vida están en los cambios propios e internos de cada uno de nosotros y que están íntimamente ligados a nuestras ilusiones, ingenuidad, imaginación e idealismo.

Quisiera mantener mi ilusión idealista que en las próximas 60 mil palabras de este diálogo, lograremos educarnos un poco de la ignorancia en que vivimos a diario y aprender de las lecciones que las recientes pandemias globales nos están enseñando, para poder salir del círculo del pensamiento unidireccional que es el amo y señor de nuestro diario vivir.

Tal vez entonces lograremos formar una sociedad con una digna calidad de vida para todos, con conocimiento honesto de nuestras desigualdades y con un pensamiento simple para la real mejoría de nuestra corta estadía en este planeta.

¿Qué Es Un Diálogo?

Un diálogo: ¿involucra a dos personas?

La respuesta inmediata debiera ser: si.

Sin embargo, un diálogo es una conversación de dos o más personas intercambiando el turno de palabra.

Generalmente existen dos tipos de diálogos. Uno espontáneo y otro organizado.

El organizado tiende a convertirse en un debate, una mesa redonda, una tertulia o una entrevista.

El espontáneo, por otro lado, no tiene ninguna clase de pacto previo y es más bien una conversación sin una agenda escondida o por descubrirse.

El diálogo que estoy iniciando en este ensayo, debe ser catalogado como uno espontáneo.

Esta es una compilación de conversaciones a través del tiempo que he sostenido en distintas oportunidades, con diferentes participantes sobre distintos temas y por ende su duración ha sido siempre la que tolere el cerebro de cada participante en el momento de aquella realidad.

Según Miguel de Unamuno en cualquier diálogo de dos personas siempre hay seis sujetos envueltos. Por ambos bandos está el que uno es, el que se cree ser y el que le cree otro.

Quisiera pensar que aparte de la multifacética de los personajes envueltos en estas conversaciones, mi diálogo en estas páginas consistirá más bien en una amable conversación con el lector, con temas que pueden convertirse en una acalorada discusión en cualquier instante.

Lo que estoy iniciando no es una novela, no es un cuento, ni una fábula, tampoco una obra de teatro o una poesía (aunque he utilizado algunas prosas que se me han venido a la cabeza).

Este es un diálogo que simplemente contiene pensamientos sobre cómo vivimos diariamente en este mundo, donde los días parecen arrancarse en forma linealmente acelerada a medida que envejecemos, donde estamos siendo bombardeados por comunicaciones digitales de toda índole sin saber si estamos enfrentándonos a hechos verdaderos y reales o manipulaciones de la más vil de las mentiras, donde se suelen mezclar la realidad con la fantasía sin poder distinguir entre amigos y enemigos.

Tal vez una sana visión entre lo verdadero y lo falso es lo que necesitamos para poder continuar en este viaje que no tiene reverso, sino un futuro por definirse y que puede quedar en un instante: inconcluso.

Iniciación del diálogo: cualidades, defectos y virtudes.....

"La ignorancia es la raíz y el tronco de cada mal"- Platón

La principal idea en la iniciación de este diálogo es que la discusión de los siguientes temas estimule otros diálogos de críticas y pensamiento simples o cuánticos que nos lleven al menos a despertar de la somnolencia en que solemos caer producto de la rutina diaria.

El propósito es explorar el dominio de la temática profunda en diversos temas de política, finanzas y religiones, sin limitarnos a un entendimiento superficial del mundo que nos rodea, sino más bien ayudarnos a comprender y tratar de buscar algún camino que nos evite la Apocalipsis a la que parecemos estar destinados como raza humana.

Plantearé mis interpretaciones con buena fe y candor, y también las de otros más sabios que han pensado en la materia sobre el paso fortuito por este planeta de nuestros antepasados, nuestros coterráneos y el de futuras generaciones.

Pensamos que vivimos en tiempos difíciles de cambios. Pero esto parece ser el común denominador de todas las generaciones con pequeñas variables.

Al igual que en generaciones anteriores, estos son propiciados externamente por diferentes cambios tecnológicos, ideologías y estructuras de poder que controlan nuestras vidas.

Las nuevas pandemias que nos han paralizado al enfrentarnos con peligrosas circunstancias en el diario vivir nos están enseñando a relacionarnos en forma diferente, cambiando culturalmente el contacto diario con familiares, amigos y el resto de las personas con las que intercalamos.

La verdad es que nuestros antepasados también vivieron dificultosas encrucijadas de igual magnitud de las cuales podemos aprender.

La Edad Digital, las frágiles y oscilantes crisis mundiales financieras, la gran caída del socialismo en el siglo pasado, el futuro incierto del capitalismo con una democracia liberal en una sociedad divisionista decadente, el terrorismo urbano, la falta de honestidad de los políticos que nos gobiernan, la corrupción institucional y últimamente las pandemias nos están transformando nuestra forma de pensar y de comportarnos tan dramáticamente como en el pasado lo hicieron las persecuciones cristianas, judías, nativas, revoluciones industriales, epidemias mortales, esclavitudes sociales, y porqué no agregar también los conflictos mundiales bélicos y desastres financieros.

Nuestras vidas están inundadas de condicionalismos donde no sabemos si estamos rodeados de amigos o de enemigos;

- Si a medida que crecemos a diario nos enfrentamos con abusadores de poder que hacen nuestras vidas miserables y les permitimos marcar nuestras vidas o si realmente quieren ayudarnos;

- O si nuestra amistad es sincera, candorosa, rebalsada de buenas intenciones y estaremos incondicionalmente al lado de nuestros amigos hasta el final;

- O si probablemente los abandonaremos a mitad de camino por conveniencia propia convirtiéndolos en personas desconocidas o nuestros enemigos.

Tampoco estamos muy seguros de cuáles son realmente aquellos que luchan sinceramente por mejorar nuestros niveles de vida o quiénes nos continúan sumergiendo en la miseria guiándonos directamente hacia nuestra propia extinción con sus actos de corrupción y egocéntrica inmoralidad.

Nuestra cambiante sociedad fluctúa con gran rapidez de un delirante comportamiento consumista a una necesaria exigencia por salud protectora y educación socializada, mientras tratamos de mantener un ritmo acelerado impulsado por los nuevos sistemas de dígitos con todas sus limitaciones.

La ilusión del mañana y la nostalgia del ayer son pensamientos que nos nublan el hecho que sólo vivimos en el ahora.

Si alguien nos pregunta: ¿Que estás haciendo con tu vida? Algunas de las repuestas podrían ser:

- Hacer lo mismo que hice ayer
- Despertarme y ducharme
- Protegerme para no contagiarme
- Ir a trabajar
- No tengo idea
- Pasarlo bien
- Feliz de estar despierto
- Disfrutar lo que me va a suceder hoy
- Tengo mucha hambre y no puedo pensar

- Divorciarme
- Sentirme bien
- Planificar mi futuro para mi seguridad
- Tener un hijo
- Ser Presidente de Estados Unidos
- Enviar mas mensajes o estar conectado con mis amigos digitales
- Hacer algo heroico por el que me recuerden
- Recoger basura
- Y en fin, un millón de otras cosas.

Comenzaré la interpretación de lo que puede ser nuestra vida con un poema que aprendí en secundaria.

Su autor: Pedro Calderón de la Barca.

Este caballero, maestro de las letras y gran escritor del siglo de oro de la literatura española, realmente pensó como contestarse esta misma pregunta.

Yo sé que estoy aquí, con mis pasiones cargado, y soñé que en otro estado, más lisonjero me vi.

¿Qué es la vida?: un frenesí
¿Qué es la vida?: una ilusión, una sombra, una ficción... Donde el mayor bien es pequeño,
porque toda la vida es sueño
....y los sueños: sueños son.

Toda nuestra vida no consiste en soñar, ni siquiera cuando estamos despiertos nuestra realidad es un frenesí o una ilusión. Solo encontramos nuestra sombra si miramos constantemente al suelo y experimentamos la ficción en una historia de televisión o cinematográfica basada en hechos reales o en un libro que aún no hemos leído en su totalidad.

La vida puede convertirse en algo tan irreal como un *sueño* o algo peor, como una pesadilla permanente.

Sabemos que estamos conscientes al estar despiertos, pero hay una gran diferencia en nuestro estado mental a cuando dormimos.

El problema de nuestra existencia es que realmente en su mayoría no tenemos idea porqué estamos aquí, cuál es el objetivo por el cual estamos aquí, ni la razón por la cual estamos aquí.

Por otro lado, nadie tiene un recuento exacto a partir de nuestros progenitores que nos pueda indicar en forma certera cuál fue el momento preciso de nuestra gestación, cuál es la razón de nuestra formación física, si esto fue algo totalmente planificado, un acto de amor o meramente animal, una violación, o un momento fortuito de deseos carnales que debían ser satisfechos en ese instante.

No estamos conscientes de que cada uno de nosotros estamos en su billonésima generación y que podríamos contar con más de un millón de tataratatarabuelos en nuestro organigrama familiar.

Recién estamos comenzando a conocer los misterios de los genes y del ADN.

El conocimiento científico de la gestación humana está rodeado de incertidumbres y de cosas inexplicables en materias tan simples como lo que sucede en el preciso instante dentro del cuerpo materno durante la elección del cromosoma que determinará cual será nuestro sexo.

Estas incongruencias existenciales nos han llevado a formular todo tipo de creencias y dogmas que también se manejan en el área de lo inexplicable, con soluciones simplistas, que nos hacen sentirnos humanos y no tener que estrujar nuestro cerebro con discernimientos sin solución lógica.

Intentaremos en las páginas siguientes poner algo de razón a este tema de quién soy yo y de adónde viene este mundo que nos rodea, a sabiendas que no será solucionado y se prestará para más interrogantes.

Para entender cuál es nuestra posición en este universo podemos analizar al individuo desde su concepción, formación, crecimiento, salud, educación y posición dentro de la estructura familiar, comunal y nacional. Luego podemos intentar posicionarnos dentro de las actuales estructuras de poder que existen en nuestra sociedad divisionista desde sus comienzos, cómo han ido evolucionando y en qué forma me puedo relacionar con ellas.

Debemos tener plena conciencia que el tratar de comprender porqué estamos aquí no es materia sencilla.

Llevamos billones de años en este planeta y aún estamos tratando de descifrar ese enigma.

Aún no podemos comprender algo tan fundamental como nuestra insignificancia dentro del constantemente expandido universo en el cual existimos por un tiempo espacial insignificante.

En nuestra corta existencia como raza humana hemos comenzado a dilapidar este planeta explotando todos sus recursos minerales, marítimos y la abundante flora y fauna con el sacrificio del medio ambiente en que habitamos y en el cual podemos vivir tan solo en una superficie limitada por nuestras características biológicas.

Difícilmente aceptamos nuestra ignorancia infinita, utilizando nuestra mente a diario en cosas simples y de poco significado o valor para nosotros o los que nos rodean.

Creemos tener la sabiduría e inteligencia suficiente como para sentirnos los amos del universo por todas las maravillas que hemos inventado, rodeándonos físicamente de un incongruente desperdicio, fabricando elementos materiales que nos permiten un mayor acceso a nuestra distracción.

Somos los creadores de ingeniosas máquinas e invenciones que nos permiten prolongar nuestra vida al mismo tiempo de ocasionarnos nuestra propia destrucción. Lo hemos comprobado un millar de veces a través de una historia con descubrimientos extraordinarios, como los viajes espaciales y maneras de combatir la tuberculosis, con inmunizaciones contra la viruela o destructivos como guerras, crímenes a la humanidad, revoluciones y terrorismo solo propios de animales salvajes sin un racionamiento lógico.

Pero aún no hemos llegado al final de nuestra carrera apocalíptica, y con algún grano de exclusiva, ingeniosa y espontánea creatividad-solo propia a nuestra especie-lograremos continuar mejorando nuestra forma de vida y expandirla fuera de los confines de este planeta.

Dilbert, un gran caricaturista canadiense, lo sintetizó en un diálogo entre un robot y un humano:

HOMBRE: Corrígeme si estoy equivocado, pero porque tú no tienes alma, tu básicamente eres una caja con mi sabiduría y vacía.

ROBOT: Corrígeme si estoy equivocado, pero en cien años tú te estarás pudriendo en el subsuelo en una caja sin sabiduría, al tanto que yo habré evolucionado a través de los mejoramientos en mis aplicaciones hasta tener poderes como los de un Dios.

HOMBRE: ¡Cállate!

$$Mf = Mn\left(\frac{\overset{0}{f}\,\overset{?}{vl}*e}{s}\right)$$

Mf=Materia física; Mn=Materia Negra;
vl=velocidad de la luz; e=energía

El sistema evolutivo: de la nada al infinito

"Tal cual una vela no se puede consumir sin fuego, los humanos no podemos vivir sin una vida espiritual". Buda

Nuestro concepto de existencia física está basado en una idea fundamental y simple. El mundo concreto en el cual nos desarrollamos todo tiene principio y final, incluyendo nuestra existencia física, no así nuestra espiritualidad si así lo creemos.

Observando tan solo lo que nos acontece a diario, sin pretender el uso de un método científico, o leyes cosmológicas, pero utilizando un profundo sentido común, estamos bien conscientes de las desigualdades en las cuales estamos envueltos desde que nacemos hasta que nos morimos, aunque tratamos de ignorarlas o disfrazarlas con pensamientos ilógicos sobre como todos somos iguales.

Nuestras desigualdades son de nacimiento por sexo, raza, cultura, religión, política, finanzas, educación, y en general todo aquello que es parte de nuestro diario vivir.

Por cuanto nuestro subconsciente nos habla de nuestras desigualdades es que estamos siendo bombardeados por gobiernos, líderes políticos/de negocios, religiosos, culturales y de cualquiera cosa que tenga un líder, de cómo todos somos potencialmente iguales.

Para ello hemos creado cuerpos militares y policiales que a través de la fuerza y de la violencia nos hacen respetar leyes y mandatos para aceptarnos los unos a los otros y acercarnos, en la forma más humanitaria y menos violenta o discordante, a una posible igualdad que sabemos es inexistente.

Tratemos de partir de un principio básico fundamental: *somos desiguales.*

Para la totalidad de la raza humana es inconcebible aceptar en que somos desiguales desde nuestra concepción, menos aún intentar pensar que venimos de la nada y que desde el momento en que adquirimos cualquier tipo de cuerpo con algún racionamiento ilógico, intentamos inmediatamente proyectarnos al infinito.

Hablemos primero de la nada.

Físicamente somos nada antes de ser concebidos.

El acto de concepción humana esta basado en energías corporales que producen polarizaciones positivas en un ámbito seguro y normal.

Las energías corporales son adquiridas de otras fuentes externas de energía, por cuanto existen múltiples formas energéticas tales como el calor, los rayos, las reacciones químicas y la electricidad, que en combinaciones nos crean una habilidad de producir cambios físicos.

Sabemos de la existencia de una energía potencial y otra kinética.

La potencial, es la que no hemos aún utilizado, como los rayos ultravioletas que en este instante cruzan el espacio desde el sol en dirección a la tierra. Luego está la kinética, que es energía en uso, es decir los rayos solares que han llegado a la tierra para convertirse en energía con la ayuda de fuerzas gravitacionales, los cuales en promedio se demoran ocho minutos y veinte segundos en llegarnos desde el sol.

Nuestro planeta habitable respira y funciona con relación a estas dos fuerzas de energía, las cuales nos permiten tener vida.

Si nos queremos remontar a la creación misma de este planeta, descubriremos que en un tiempo finito pasado alguna explosión de energía potencial creó una energía kinética que se transformó en una galaxia, que formó planetas entre ellos nuestra Tierra.

En el presente universo del cual tenemos conocimiento, estas funciones continúan sucediendo, y las podemos explicar a través de nuestros sentidos por cuanto son reales y ahora visibles al ojo humano, aunque aún no palpables.

Físicamente hemos descubierto que existe materia negra.

Tenemos visualizaciones intangibles de algo físico que no es detectable por los sentidos humanos, pero que sí tiene espacio y energía.

Existe materia negra que crea energía y se demuestra en una aceleración cósmica captada por el telescopio espacial Hubble. Teorizamos que el universo nació de una gran explosión cósmica o una supernova de hace más de 15 billones de años y que en lugar de contraerse se está expandiendo en forma acelerada.

Pero esta supernova ¿de adónde vino?

Hasta el momento, esa explosión de la supernova sucedió, o vino de otra explosión anterior, o se formó de una energía negra viniendo de la nada que al comprimirse explotó.

Algunos científicos en el 2015 han teorizado que el universo es finito y tiene una dimensión en billones de años luz. Esto significaría que fuera de ese diámetro universal no existe nada o caemos en un vacío infinito y permanente.

A solo que sigamos remontando y encontremos evidencias físicas anteriores a la gran explosión que creó toda esta energía, por el momento podemos teorizar que el universo nació de la nada o de un lugar infinito.

Einstein fue el primero que pensó en que al entrar a un espacio vacío no se cae en la nada.

Los espacios vacíos, según su pensamiento, tienen extraordinarias propiedades. Y estos espacios vacíos tienen su propia energía.

Aunque esto atenta contra el segundo principio de la termodinámica y el concepto de la entropía, en la cual la energía se gasta en lugar de autogenerarse, podemos aún teorizar que la energía inicial, en un ambiente de vacío, puede acelerarse en lugar de perder su inercia.

Es decir que una materia negra podría convertirse en materia física si la energía de la materia negra adquiere la velocidad de la luz en el vacío en un periodo de tiempo entre cero y el infinito. En otras palabras la función de esta materia negra es igual a su energía multiplicada por la velocidad de la luz al cuadrado en un tiempo entre nada e infinito.

Una vez que esta materia negra pasa a un mundo físico y gravitacional, este concepto es inverso y se atiene a las leyes de la termodinámica que han sido científicamente comprobadas.

Es decir, que a medida que aumenta el coeficiente de degradación, estas otras fuerzas físicas de energía van disminuyendo la capacidad de la materia física hasta degradarla en la nada.

Esto constituiría una órbita circular de un sistema entre la materia negra a la materia física y de regreso a la materia negra proyectada al infinito.

Volviendo a nosotros.

No podemos aceptar que venimos de la nada, y tampoco que vamos hacia la nada.

Más bien aceptamos que nuestro cuerpo fue gestado por algún comando predeterminado y que de embrión nos desarrollamos en feto para luego independizarnos del vientre materno y que en alguna de estas fases adquirimos un cuerpo físico y espíritu.

La siguiente paradoja no es solo del porqué de nuestro sexo, sino también el color de nuestra piel, los rasgos diferentes, las contexturas distintas y toda la genética de nuestros antepasados que llevamos dentro de nuestro exclusivo ADN.

A toda costa queremos ser todos iguales en vida y después de muertos.

Sin embargo, sin distinción de sexo, cultura o etnología estamos conscientes de que provenimos de la gestación de nuestros padres, quienes desde ya eran diferentes a sus propios padres.

Ellos nos dieron la forma física que tenemos y en cuanto adquirimos uso de la razón, nuestro objetivo fundamental es de alguna forma dimensionarnos individualmente al infinito, no con nuestros cuerpos que sabemos son finitos, sino con aquella cosa espiritual la cual no tiene forma o contextura y que mentalmente la podemos proyectar al infinito.

Nuestro pensamiento es lineal. Gestación, nacimiento, crecimiento y fallecimiento. Todo en línea recta.

Comienzo y final físico, pero con un espíritu pegado al cuerpo físico con algún tipo de permanencia infinita en un lugar aún por identificarse.

De tal manera que somos poseedores de un espíritu infinito y un ego aún más grande que el universo.

No podemos concebir este mundo en el que habitamos por un periodo bastante corto, sin una vida espiritual que nos proyecte y trascienda más allá de la muerte hacia la eternidad.

Hemos conceptualizado a Dios y luego hemos formalizado la idea que nosotros hemos sido concebidos a su imagen y semejanza. Por ende ¿Significa esto que Dios debe ser hombre y mujer al mismo tiempo? Dos cuerpos en uno. ¿Porqué entonces fuimos creados con dos sexos desiguales? Caso contrario. Si Dios es perfecto: ¿Porqué crear dos diferentes individuos cuando uno es más fácil de educar y controlar?

Por cuanto esta sea nuestra versión de cómo llegamos a este planeta y definimos el objetivo de la vida, la explicación de la misma estará basada en una versión original, educada o impuesta del porqué estamos aquí y hacia donde nos dirigimos.

Directo de un punto a otro.

Los místicos piensan que poseemos un espíritu que una vez físicamente muerto continuará en el purgatorio o en el paraíso por un tiempo infinito, de acuerdo con nuestro comportamiento terrenal, y más aún, según algunos, con derecho a retornar a este mundo físico de desigualdades en el cual existimos por un tiempo limitado.

Este sería un sistema orbital *inninito* (sin inicio), *conceptual*(concepción) e *infinito* (sin final). A este sistema lo podríamos denominar como *Nicónito, algo sin inicio, con una concepción en algún tiempo terrenal e infinito en su permanencia espacial.*

Pero: un momento.

A manera de retroceder a nuestra inicial discusión, volvamos por un instante al concepto de la nada.

Antes de la concepción ¿qué es lo que somos?

Sin inicio o nada o ¿somos una energía flotante buscando un cuerpo físico que proviene del mandato de un ser superior?

Esto adquiere validez en todos aquellos círculos que aceptan sin discusión y basado exclusivamente en una fe ciega sin preguntas, en una espiritualidad sin dimensiones e infinita.

Esto nos crea el dilema de dónde posicionarnos.

Si existe tal energía en el vacío buscando una forma física, esta deberá tener propiedades. Desde un aspecto espiritual religioso, esto es lo que denominamos el espíritu que se une en el alma del cuerpo físico en algún momento antes del nacimiento.

Caso contrario, en un mundo físico, pragmático y de deducción lógica, debemos situar la nada dentro de algún contexto comprensible.

La definición lingüística que le hemos dado a la nada es: Inexistencia, la ausencia absoluta de cualquier ser o cosa. La nada en este tipo de definición tiene un asentimiento físico comparativo.

Es decir, todo aquello que no es físico es nada.

Por esta definición entonces antes de ser cuerpo o materia viva somos nada.

Déjenme intentar una mejor definición.

Podría ser que la nada es una total ausencia física en un vacío infinito.

En este caso, le tendríamos que dar una ubicación y plano existencial en cuyo caso no podemos conceptualizar que nada es nada.

Y por ello, sin siquiera saberlo, hemos asignado a la nada algo conceptual que tiene un valor y significación.

En este ámbito, el concepto de la nada tiene su propio espacio y es un elemento finito que al adquirir un cuerpo físico, su energía se gasta, hasta convertirse nuevamente en la nada.

Su significación es que espontáneamente genera energía, con la que crea materia negra que en forma circular infinita genera materia física de masa consistente, las cuales utilizando la energía adquirida por su aceleración, desarrollan sus propias formas evolutivas y mutantes.

Aplicando los principios de Doppler, a medida que esta aceleración sobrepasa la velocidad del sonido y de la luz, sus ondas vendrían a crear los espectros que generan materias físicas con un flujo mensurable, las cuales durante su aceleración comienzan a evolucionar.

Los mundos físicos en su interacción tienen que mantenerse independientes y adaptares entre ellos para armonizarse y cohabitar sin destruirse por espacios de tiempo. Para ello, están en constante movimiento y evolución. Caso contrario, de acuerdo con principio de Einstein, dos cuerpos físicos no pueden cohabitar un mismo espacio al mismo tiempo por cuanto se destruyen.

Volviendo a nuestros cuerpos físicos, nosotros los humanos hemos evolucionado en los 50 mil años de existencia que tenemos cuasi comprobada. Esto siempre y cuando aceptemos la definición de humanos a partir del Homo Sapiens Erectus, en lugar del Homo Sapiens Idaltu, que existió hace más de 120.000 años, o del Homidid que se remonta a los 7 millones de años.

Desde el Hombre de Java a nuestros días actuales, la raza humana ha estado en continua evolución para adaptarse al medio físico en el cual hemos vivido a través de este tiempo. Esta evolución en muchos casos no ha sido linear, sino a través de varios sistemas paralelos evolutivos.

No solo los humanos hemos evolucionado.

El resto de la flora y la fauna continúa cambiando. Charles Darwin se hizo famoso por enunciar la evolución del humano de sus formas primates a las actuales, y con ello cimentó su teoría evolucionista. Y en el proceso de ponerle el método científico de por medio, pudo constatar la evolución de otros animales, aves y plantas.

El dilema científico que aún permanece sin solución son aquellos pasos evolutivos intermedios que no son como una carrera de posta en que un animal le pasa el palo al siguiente para que continúe evolucionando.

Existen pasos evolutivos que científicamente no pueden ser explicados. Al igual que hay acciones mutantes que no tienen una explicación científica ni lógica.

En la actualidad sabemos que hemos llegado a nuestra forma actual a través de la evolución de uno o más entes unicelulares y no solo a partir de la evolución Darwiniana entre los primates y los *homínidos*.

También tenemos pruebas científicas que las bacterias y los virus que nos protegen y atacan al mismo tiempo están en constante evolución a través de mutaciones. Por ello continuamente estamos modificando los antídotos que utilizamos para protegernos de dichos ataques.

De tal manera que nuestra evolución puede ser lenta y progresiva con una explicación lógica y científica, o mutante y violenta, sin ninguna explicación. Esto podría ser la solución de los pasos o eslabones continuos que le faltaron a Darwin para cimentar sin argumentos nuestra evolución desde el primate.

Pero si aceptamos que provenimos de un primate, porqué nos detenemos ahí.

Un sucesor de Darwin vendrá a futuro para "descubrir" en otra isla espacial similar a las Galápagos terrestres, pero en una galaxia distante, que un primate a su vez pudo venir de una lagartija, esta lagartija de un sapo, y este de un pez, los cuales salieron del fondo del mar luego de un cataclismo gigantesco provocado por otro planeta o la explosión de otra estrella y así sucesivamente, tendremos que sin duda, remontaremos al infinito.

Esto nos trae de regreso a la nada.

Es decir que existe una buena posibilidad de que nosotros podamos haber evolucionado de la nada o del infinito.

El núcleo de la existencia

Las teorías científicas iniciales de nuestra existencia ya las hemos dialogado.

Los científicos mantienen que de la nada ocurrió el estallido galáctico que produjo este universo que conocemos, el cual está en continua expansión.

Sin embargo, han emergido teorías de alternativa, las cuales cada vez más complejas, nos indican que la forma como hemos llegado a nuestra presente manera de ser no ha sido simple.

La Mecánica Cuántica, denominada como el moderno Goliat, está a través de un ejército de científicos y doctores defendiéndose de los ataques religiosos para poder abrir paso a un dialogo abierto sobre los reales orígenes de la materia, las galaxias y la vida en este planeta.

La Era Espacial mezclada con la Era Digital nos han permitido entender que una idea tiene muchas alternativas, cada cual con múltiples enunciados, todos los cuales pueden ser de una forma u otra corroborados y valederos o debatidos y desprestigiados.

Ray Kurzweil en su libro La Era de las Máquinas Espirituales, plantea los progresos y el desarrollo tecnológico a velocidad exponencial, que de acuerdo con su predicción, culminará en la superación a la velocidad del cerebro humano por las computadoras.

Las nuevas teorías pasan por una multiplicidad de análisis que con la ayuda computacional resuelven velozmente inconsistencias, las cuales a veces son difícil de explicar en términos simples.

El renacimiento de las leyes de Euclides y la multiplicación de algoritmos para resolver la evolución computacional, facilitan cada día tareas de inteligencia artificial que hace menos de diez años estaban relegadas solo a los humanos.

Nuestros pensamientos continúan siendo unidimensionales, en la mayoría de las ocasiones, y por ello hemos formado grupos pensadores como el Instituto del Cerebro Global fundado en la Universidad de Bruselas en el 2012, el cual utiliza el método científico para intentar comprender la fuerte relación que existe entre los individuos, sus máquinas y sus sistemas computacionales.

Uno de los pensamientos teóricos emanados de este Instituto, principalmente desarrollado por el Dr. Francis Heylighen, ha sido la investigación sobre complejas evoluciones, y cómo sistemas se forman, organizan y adaptan logrando alcanzar extraordinarios desarrollos de conocimiento.

Por ello aplicando el principio de Ocam, o ley de la parsimonia, que mantiene que de existir más de una solución a una incógnita, la solución más simple y directa probará ser siempre la correcta, tal vez la teoría evolutiva de la nada a la estructura multicelular humana es por el momento la más simple y directa de aceptar.

En el caso de la creación del universo, es difícil concebirlo mediante una teoría más compleja que la del gran estallido galáctico.

Sin embargo, la hay.

Si podemos diferenciar entre un universo infinito y el presente universo definido, podríamos estar de acuerdo con la teoría que mantiene que una alternativa es que el universo definido es nada más que una expansión del universo infinito, el cual se continúa expandiendo para crear nuevos universos definidos.

Esto lo podemos conceptualizar visualizando burbujas creando dentro de si otras burbujas proyectadas al infinito.

La prueba de esta teoría de universos infinitos está en el nuevo descubrimiento de grupos compactos de estrellas, cuya antigüedad, de acuerdo con estimaciones astronómicas, es comparable a la del universo actual, es decir más o menos 15 billones de años.

Con ello podríamos deducir que el espacio es infinito, y que por ende, la materia sea negra o física también es infinita.

Para simplificar aún más el principio de Ocam, podemos enunciar que no solo nos basta con conectar dos puntos de data separados con una línea recta, sino que debemos enccontrar la forma de unir dichos puntos acortando la distancia que los separa en forma infinitamente decimal.

Si aplicamos esta ley de acercamiento considerando que nuestra existencia es finita (de un punto A a otro B), en nuestro cerebro es difícil concebir sicológicamente un universo infinito sin principio ni final.

En cualquiera magnitud universal debemos eso si regresar en alguna forma al núcleo de nuestra existencia, es decir a la formación de la primera célula a partir de una proteína y un aminoácido y la concepción total del reino animal y vegetal existente en este planeta diminuto que llamamos Tierra dentro de la constelación galáctica que bautizamos como la Vía Láctea.

Por ende el concepto de mayor dificultad en comprender dentro de nuestro diminuto pero ebullente cerebro, es el de la nada; el de universos infinitos que contiene otros definidos; el de la materia negra que puede autogenerar su energía y tener propiedades físicas que recién estamos comenzando a descubrir; y últimamente el de la autogeneración de elementos químicos mutantes que al evolucionar dan estructura a formas complejas incluyendo nuestra vida humana.

Una manera de hacer compresible esta dimensión es mediante la aceptación de una espiritualidad que nos ayude a posicionarnos ante la presencia y el enfrentamiento a nuestra mortalidad, la cual es una experiencia finita universalmente humana.

Heinz Pagel, científico norteamericano, físico e investigador de mecánica cuántica hablando sobre el tema del origen de la materia formuló que la repuesta se podría encontrar en la resolución de un código cósmico.

De acuerdo con Raymond Kurzweil existen dos visiones sobre el tema del origen de la materia y su energía: una subjetiva Oriental y otra objetiva Occidental.

La visión objetiva occidental es que a lo largo de miles de millones de años de torbellino, la materia y la energía han evolucionado para crear formas vivas-complejos diseños de materia y energía autoreplicantes-lo suficientemente avanzadas como para reflexionar sobre su propia existencia, sobre la naturaleza de la materia y la energía, y sobre su propia conciencia.

La visión subjetiva oriental afirma que la conciencia antecede a la materia y la energía y no son más que los pensamientos complejos de los seres conscientes, quienes forman ideas, que sin un pensador, carecen de realidad.

Cualquiera sea la aceptación de la visión, Kurzweil concluye que es evidente que la conciencia, la materia y la energía están íntimamente ligadas.

La resolución al enlace de estos tres elementos podría provenir de una evolución de nuestro cerebro desde un pensamiento unidireccional a uno cuántico.

En un pensamiento cuántico la dirección seria de un universo inanimado (la nada) a una materia consciente (cuerpo físico) a una humanidad (cuerpo físico y espíritu) a una transhumanidad (máquinas que manejan al hombre inmortal) a una post humanidad (la era de los transformadores).

Principios básicos del sentido común, la digna rabia y el caos

"No soy producto de mis circunstancias, soy producto de mis decisiones"-Steven Covey

Tarea: Búsqueda Google de la definición de sentido común con los siguientes enlaces:

significado de sentido común
sentido común definición de sentido común
definición filosófica
sentido común y algunos ejemplos
sentido común psicológico
sentido común definición sociológica

Los principios Yoga enuncian que para que el cuerpo humano pueda absorber la energía externa positiva que nos mantiene vivo y emanciparse de la energía negativa interna que nos causan dolencias, debemos llevar a nuestra mente a un sincero estado de profunda humildad, donde nos emancipamos de los poderosos sentimientos de competencia, prejuicios e interpretaciones.

Esto es fácil decir y muy difícil de practicar, por cuanto la mente humana parece estar condicionada a tal comportamiento.

Intentamos competir en campos en los cuales no contamos con la habilidad ni la intelectualidad necesaria para alcanzar una meta digna.

Emitimos juicios sin contar con una base de datos que los haga valederos.

Interpretamos las realidades de acuerdo con nuestras propias limitaciones.

Todo esto contribuye a fortalecer fuertes sentimientos de frustración que se acumulan hasta convertirse en realidades muchas veces de índole paranoica.

Continuamente hablamos y nos referimos a tener sentido común para enfrentar estas situaciones caóticas.

La verdad es que ni siquiera estamos de acuerdo cual es la definición de este sentido tan básico.

El sentido común no es simple.

Entre las numerosas definiciones de este sentido humano está la de Marvin Minsky, científico norteamericano que dedicó su vida a la investigación sobre Inteligencia Artificial.

Para Minsky el sentido común es una inmensa sociedad de ideas prácticas obtenidas con gran esfuerzo que encapsulan una multitud de reglas, excepciones, disposiciones, tendencias, equilibrios y controles que se ha aprendido en la vida.

El gran Voltaire escribió extensos ensayos sobre esta materia, en la cual puso a prueba la inteligencia humana en las ciencias contra el sentido común de las religiones. En ese entonces declaró la carencia de sentido común de aquellos musulmanes eruditos en las matemáticas, química y biología, aún creyendo en Mahoma y su versión de la medialuna en su manga.

Sensus communis significaba para los romanos, además de sentido común, el tener humildad y sensibilidad.

En la actualidad sentido común es sinónimo de buen sentido, razón tosca, razón sin pulir, primera noción de las cosas ordinarias, estado intermedio entre la estupidez y el ingenio.

Decir que una persona no tiene sentido común, en este contexto significa que dicho individuo no tiene lógica social; pero decir que tiene sentido común significa que sus afirmaciones pueden carecer de inteligencia razonable, pero están de acuerdo con las normas de la sociedad vigente y no es completamente estúpido.

¿De dónde proviene la etimología de la frase «sentido común» si no viene de los sentidos?

Cuando los hombres inventaron estas palabras, estaban convencidos de que todo penetraba en el alma por medio de algún sentido; a no ser así, hubieran empleado la palabra inteligencia para designar una razón común.

La enciclopedia Google -donde podemos encontrar cualquier definición y concordar de que se trata de la verdad absoluta-no tiene claro tampoco que es esto del sentido común. Hay diferentes interpretaciones de acuerdo con su aplicación.

Estamos eso si todos de acuerdo, que el sentido común no es común en la raza humana.

Tal vez para ayudarnos a comprender lo que realmente es el denominado sentido o razón común, podemos analizar estos cinco principios fundamentales:

Principio uno: este sentido nos ayuda a racionalmente estar de acuerdo en ciertas formas de convivencia.

Principio dos: este sentido es aceptado por la gran mayoría como una creencia absoluta de una convicción lógica.

Principio tres: este sentido está directamente relacionado a una realidad paralela absoluta.

Principio cuatro: este sentido tiene evidencias y pruebas irrefutables que dicha realidad paralela es aceptada como verídica por todos los participantes en la discusión o decisión.

Principio cinco: este sentido nos permite ejecutar acciones aceptadas como racionales en la reorganización del caos de acuerdo con los principios anteriores.

Discrepando con la enciclopedia Google que el sentido común tiene una definición filosófica, otra sociológica y una tercera psicológica, existiendo varios ejemplos en cada una de estas definiciones, yo me atrevería a definirlo de la siguiente manera:

El sentido común es una herramienta que nos permite ponernos de acuerdo para llegar a un entendimiento aceptable, porque la deducción está basada en una convicción lógica directamente relacionada a circunstancias paralelas que han demostrado pruebas irrefutables de veracidad, y que por ello nos permite ejecutar acciones aceptadas por el grueso de la humanidad para solucionar situaciones de caos y discrepancias.

Es decir, el sentido común es una herramienta deductiva basada en una verdad irrefutable, que nos permite salir de la estupidez y en forma ingeniosa hacernos individuos dignos de nuestras familias, y por ende de nuestra sociedad.

Sin embargo, su utilización suele alejarse rápidamente en forma inversamente proporcional al punto de partida de dichas verdades, con la introducción de elementos propios que velozmente nos distancian de las premisas iniciales de dicho sentido común.

A medida que esta distancia se hace geométricamente más distante, con la estupidez y el ingenio que utilizamos para debatir, prejuzgar e interpretar premisas ilógicas, posesionamos una muralla emocional interpretativa con inmensas desviaciones del concepto inicial, la cual genera una rabia personal.

La rabia puede emerger en cualquier instante, cuando moviéndonos del sentido común hacia la estupidez determinamos que nuestra dignidad, posesiones o poder han sido comprometidos. El sentido común deja de existir y en su lugar la rabia adquiere su propio padrón de verdad absoluta.

De ahí que el término Digna Rabia se haya convertido en un léxico popular.

Dignidad.

¿Qué es la dignidad?

Durante mucho tiempo la dignidad se explicó en buena medida por la autonomía del ser humano para escoger nuestras propias respuestas.

Cada uno de nosotros sabemos cómo gobernarnos, usar sentido común en nuestras relaciones, y ser racionales y libres en nuestras propias decisiones. En ese aspecto no somos esclavos de nadie y nos podemos comportar como ciudadanos libres dentro de una sociedad utilizando nuestro popular sentido común.

Al parecer, no continuamente.

En la actualidad la dignidad es un atributo que se considera intrínseco al ser humano, inseparable de él por el mero hecho de ser humano.

La dignidad se basa en el reconocimiento de que todos merecemos respeto sin importar nuestra contextura física o mental. Al reconocer y tolerar las diferencias y desigualdades de cada uno de nosotros, nos podemos sentir dignos y libres.

La dignidad humana es un derecho. De ahí que en la Declaración de los Derechos Humanos hemos puesto como primer artículo que al ser integrante de la familia humana, somos individuos que nacemos libres e iguales en dignidad y derechos (artículo 1°) y debemos tener respeto a cualquier otro ser.

Esta dignidad es el resultado del buen equilibrio emocional.

A su vez, una persona digna puede sentirse orgullosa de las consecuencias de sus actos y de quienes se han visto afectados por ellos, o culpable, si ha causado daños inmerecidos a otros.

Por ello fue interesante cuando de visita en Chiapas, México, me encontré con un cartel que hacía un llamado a un seminario sobre La Digna Rabia.

México es un país especialmente vulnerable a la rabia.

Desde épocas remotas los nativos y las masas populares que los han sucedido se han sentido defraudadas de sus líderes, ya que en más de una ocasión, han sido engañadas y traicionadas por su corrupción.

Su historia esta rebalsada de acontecimientos de violencia y total desmedro por la vida del común ciudadano, lo que ha institucionalizado esto de la rabia. Una rabia alimentada por el descontento. Una rabia fomentada por el conocimiento en el abuso del poder, corrupción, codicia y traición.

Por ello, un seminario sobre la Digna Rabia en Chiapas no nos puede extrañar.

Ambos términos parecen contradecirse.

¿Cómo la rabia puede ser digna?

Por definición la rabia es una enfermedad degenerativa que pasa por cuatro fases:

Incubación: Dura entre 60 días y 1 año y es asintomática.

Prodrómica: Dura entre 2 y 10 días. Aparecen síntomas inespecíficos.

Neurológica: Dura entre 2 y 7 días. Afecta al cerebro. El paciente puede manifestar hiperactividad, ansiedad, depresión, delirio, sentimientos de violencia, ganas de atacar, parálisis, espasmos faríngeos (horror al agua).

Coma y Mortalidad: Dura entre 1 y 10 días. El paciente entra en coma y finalmente muere por paro cardíaco, o bien por infecciones secundarias.

El virus de la rabia se encuentra difundido en todo el planeta y ataca a mamíferos, tanto domésticos como salvajes, incluyendo también a los seres humanos.

Pero, nosotros en la actualidad, utilizamos el término rabia, más para referirnos a un estado neurológico donde expresamos sentimientos de violencia y los traducimos en ataques de cualquier tipo a instituciones u otros seres humanos, no necesariamente por un contagio viral.

Nos viene la rabia sin advertencia por una frustración o mordedura invisible y a veces inexplicable, que nos lleva directo a una fase de demencia neurológica y que sin duda puede hasta ocasionarnos la muerte.

¿Cuál es el gatillo de esta rabia, y puede este ser digna?

Sociológicamente la rabia tiene su origen en el individuo a partir de su desilusión por el medio ambiente que lo rodea. La frustración de deseos insatisfechos y la percepción de injusticia suelen ser los motores de arranque más poderosos en el desarrollo de esta ira o rabia.

La rabia no funciona si la persona se debilita física o mentalmente.

Cuando la ira es la primera forma de expresar opiniones o ideas, esto suele convertirse en conflictos y tensiones inmediatas, que por lo general tendrán un impacto negativo en la calidad de vida de aquellos que continuamente la utilizan como su principal motivación de vida.

Más aun cuando la rabia se traduce en actos de violencia, sabemos que el individuo ha llegado a un estado comatoso de irracionalidad que solo va a ser detenido por un acto represivo de similar o mayor violencia.

Yo me explico la digna rabia de la siguiente manera con esta prosa que escribí una noche de insomnio en la que mis frustraciones del diario vivir estaban alimentando un sentimiento de esa naturaleza:

La digna rabia

Digna rabia de la obscura hostilidad humana,
oculta en las profundidades de nuestra alma,
que nos hace vulnerables a actuaciones de bajeza,
donde florecen nuestros malignos pensamientos.
Digna rabia escondida en el subconsciente,
mansión de fracasos acumulados por doquier,
que se revelan autómatas y gigantes,
con falsas ideas nobles para justificar nuestras acciones.
Digna rabia que se impone a la bondad,
y que estalla en agobiadas frustraciones,
debido a planes mal concebidos,
o tergiversados altruismos disfrazados,
todos como la mejor solución final.
Digna Rabia que explota en un instante,
junto a un manantial de ideas delirantes,
en medio de expresiones cobardes,
que con prepotencia desmedida nos esclavizan.
Digna Rabia estimulada por esa magia lúgubre,
que nos transforma en un segundo de locura,
en súper villanos ocultos e incógnitos,
encapuchados en sombríos castillos de torturas.
Digna Rabia malévola y destructora,

promotora de encontradas emociones,
producto de una mente enferma de odio,
contagiada con el potente virus,
de múltiples engaños y falsedades.
Digna Rabia que sin explicación alguna,
llega sin invitación a nuestro albergue,
y se apodera de todos nuestros sentidos,
para transformarnos en animales sin escrúpulos.
Digna Rabia que se impone a la caridad
y nos transforma en seres intolerantes
a toda forma diferencial de mente o raza,
convirtiéndonos en máquinas fanáticas,
con insanos comportamientos de demencia.

Esta digna rabia históricamente en más de una ocasión ha convertido el mundo en un infierno caótico con persecuciones, revoluciones, guerras y genocidios inexplicables.

Generalmente, y antes de cerrar este capítulo sobre el mal utilizado sentido común y la rabia, tenemos que forzosamente hablar sobre lo que viene inmediatamente después que nos damos cuenta de habernos enceguecido con esta digna rabia.

Eso se ha denominado en las escrituras bíblicas como el acto de arrepentimiento que nos invade cuando realmente nos enfrentamos con el sentido común que nos desnuda el ego, desnudándonos en un acto culpable de humildad frente a este demonio que la digna rabia ha creado y los daños que ha causado.

Necesitamos tener algún tipo de escape para poder justificar un acto tan infame e indolente como el propiciado por un segundo de delirante rabia.

El acto de arrepentimiento en busca de dicha absolución para nuestros pecados, es materia de otro ensayo y prosa que lo dialogaremos en otra ocasión, por cuanto esta lucha interna entre bondad e indolencia nos ha dividido desde los mismos comienzos de nuestra civilización.

Muchas veces estos actos de comportamiento diabólico y plena locura, no tienen absolución por la sociedad que los castiga firmemente para entregarnos una lección del límite que debe existir entre una democrática expresión de violación a nuestros derechos y un comportamiento gobernado por una soberbia y estúpida rabia.

Por ahora concluiremos que con una práctica constante del sentido común, podemos mantener en jaque a la digna rabia que somos capaces de originar.

La igualdad de las desigualdades

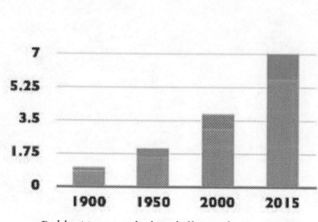

Pobres **No pobres**

Población mundial en billones de personas

"El hombre sin familia, sin leyes y sin hogar, sólo respirará guerra, porque es incapaz de unirse con nadie, como sucede a las aves de rapiña"
-Homero. Iliada, IX,63

Solo somos iguales en dos ocasiones: las trece primeras semanas que pasamos en el vientre materno y cuando morimos. Punto. No hay más.

De por vida las desigualdades son parte integral de nuestra realidad.

Sin embargo, continuamos recibiendo a diario un fuerte y tergiversado mensaje por todos los medios comunicativos, de esta idea no necesariamente verdadera, que todos somos iguales.

Política y espiritualmente es necesario dar esta falsa ilusión del predicamento igualitario, aunque este no tenga validez alguna en lo que realmente experimentamos en nuestro cotidiano vivir.

La moderna igualdad dogmatizada no es una igualdad genética, económica o espiritual. Más bien esta igualdad se refiere a un respeto, aceptación y tolerancia individual, donde podemos equilibrar las desigualdades existentes y eliminar los abusos de poder mediante la aplicación rigurosa de un sistema de justicia igualitario e incorruptible.

Ya hemos enunciado que desde nuestra misma concepción somos desiguales.

Genéticamente somos parecidos, pero no iguales.

Lo que entonces cabe discutir es cuál es una desigualdad aceptable para una sociedad moderna.

Nuestra idea en la actualidad es que para concebir una sociedad igualitaria, esta debe estar basada en una sociedad de jurisprudencia igualitaria y de mérito. Es decir, todos somos iguales ante la justicia y aquel que tiene una habilidad especial que sin duda es mejor que la del grupo, ese individuo por mérito debe tener una absoluta libertad para ascender en su posición social, siendo adecuadamente recompensado por tal habilidad.

En cierta forma, las artes y los deportes profesionales con sus representantes son una de las mejores interpretaciones del sistema de la meritocracia igualitaria.

Individualmente tenemos millares de ejemplos de artistas y atletas que han surgido por sus propias habilidades, escalando a posiciones heroicas tanto económicas como sociales.

De esta forma podemos justificar las diferencias económicas y los razonables niveles de desigualdad, para reconocer que aunque no somos iguales, sí tenemos la posibilidad de ser diferenciados por nuestras habilidades, y que dicho esfuerzo en una sociedad libre, meritoria y democrática, va a ser debidamente reconocido y compensado equitativamente.

La realidad de la sociedad mundial es que en su mayor parte las oportunidades y los recursos no están alineados en su totalidad con el esfuerzo y la habilidad de su desempeño.

Aquí entran a jugar otros factores muy propios de la integración del individuo dentro de su familia, su grupo y su comunidad.

Es en este ámbito donde es palpable el desequilibrio de las desigualdades dentro de la sociedad. Están la consabida formación de diferentes castas profesionales y sociales que engendran discriminaciones en sus distintos niveles, y una desmedida pobreza urbana que existe incluso en los países más industrializados y que se transforma en un antro de desigualdad y perpetuidad de la desesperación humana.

Esta es la razón fundamental del fracaso del capitalismo en un lado y del comunismo en el otro, ambos intentando establecer políticas y normas dentro de un esquema de poder en el que perpetúan las desigualdades y fomentan la formación y mantención de diferentes castas.

Por más que tratamos de igualarnos, realmente no lo somos y perversamente utilizamos toda clase de martingalas para justificar discriminaciones y acciones que nos convierten individualmente en abusadores de poder en nuestros distintos niveles sociales.

Poder, corrupción y conspiración

Toda sociedad esta regimentada por diversas clases de poderes entre los que podemos distinguir: culturales, políticos, institucionales, económicos, espirituales y de castas.

En general cada individuo está ejerciendo uno o varios de ellos o esté sometido a uno o varios de ellos.

Dentro del escalafón de la sociedad de acuerdo a donde estemos ubicados habrá una expresión única de un diferente grado en la aplicación y manutención de dichos poderes.

Estos poderes mantienen una posición jerárquica dentro de la pirámide social, los cuales entre si se disputan en ser el que tiene mayores seguidores u obedientes servidores, para de esta manera imponer sus pensamientos en el resto del grupo.

Cuando estos poderes desean imponerse por la razón o la fuerza cuentan con diferentes estrategias y procedimientos.

Las sociedades neo-liberales democráticas modernas se han cimentado en estas estructuras y aquellos que pueden obtener mayorías representativas asumen las posiciones gobernantes en los países donde aún se eligen Presidentes o Primer Ministros.

Dichos gobiernos se han formado a lo largo de la historia mediante la unificación de pequeños municipios o condados donde los individuos paulatinamente se fueron sometiendo o fueron absorbidos por burocracias centrales que de esta manera adquirieron mayor poder con el cobro de tributos por una protección central.

He ahí la formación de naciones.

A medida que dichos gobiernos centrales agrupan una mayor cantidad de municipios estos mismos pasan a perder el control sobre la clase gobernante lo cual atrae la corrupción burocrática en la cual las diferentes agrupaciones políticas luchan por el poder dejando de lado el bienestar prometido a aquellos individuos que representan.

El foco de la atención pasa a constituirse en el mandato, el cual les permitirá beneficiar a su círculo cercano de seguidores y aquellos que económicamente los han ayudado a llegar al tope de la pirámide del poder.

Aquí reside la cuna misma de la corrupción y las conspiraciones que han pasado a constituirse en el nuevo enfoque político e institucional de las democracias liberales populistas.

La pregunta es entonces ¿cuál es el papel del individuo común para desmontar esta máquina gigante cuyo objetivo principal consiste mantener el statu quo de desigualdad mediante el favoritismo político?

A través de nuestra historia algunas respuestas han sido guerras civiles, dictaduras militares, la revolución del proletariado y últimamente el populismo y el terrorismo urbano con base política o espiritual.

¿Será que la globalización de la cual tanto hablamos es la repuesta? ¿O más grande será ahora la burocracia mundial, con un poder desmedido, una mayor corrupción en el poder centralizado y conspiraciones de mayor envergadura?

Gran Bretaña por un momento se debatió en la disyuntiva entre mantenerse en el sistema económico europeo o pagar por un BREXIT para volver a tiempos más medievales.

Estados Unidos decidió crear murallas contra los inmigrantes del sur y proteger su industria elevando los aranceles aduaneros a todo lo que no fuera fabricado en America y eliminado acuerdos multinacionales de economías integradas.

¿Es la respuesta a la mejor distribución de la riqueza lo opuesto a la globalización, es decir el regreso a lo pequeño? ¿A aquel sistema gobernante de tipo vecinal cooperativista donde todos los individuos son conocidos y participantes directos en las decisiones de su municipio, el cual tiene su propio financiamiento sin dependencia económica de un organismo central?

Una vez que el sentimiento de unidad vecinal y de cooperativismo prima por sobre la corrupción y las conspiraciones son puestas bajo control, mediante una jurisprudencia transparente con equidad en la fiscalización de los derechos individuales, financiamiento lógico y austero que favorece directamente a los individuos en dicho municipio; solo entonces se puede pensar en la reagrupación de varios municipios para crear gobernaciones basadas en los mismo principios y de ahí elevarlos a un nivel nacional con un modelo similar.

Pero esto es una utopía tan inimaginable como un sistema nacional o global económicamente igualitario que ahora se promueven por las redes sociales del internet y se disputa en las calles mediante un estallido social.

Solo nos cabe luchar dentro del sistema institucional existente para hacer que las acciones de los que llegan a posiciones de mando por su deseo de poder, sean continuamente vigilados y evaluados dentro de un marco de trasparencia y auditoría independiente con jurisprudencia donde nadie está al margen de la ley.

Debemos formar un sistema que esté por sobre un sistema consumista determinante de la situación social de cada individuo y que proteja a los que han sido marginados por la sociedad dividida debido a una condición natal determinada por el medio ambiente en su desarrollo.

De la República de Aristóteles a nuestra sociedad moderna

De acuerdo con Aristóteles la sociedad es un hecho natural, donde un pueblo se forma mediante la asociación de las familias y el Estado mediante la asociación de los pueblos.

Aristóteles manifestó que *"el Estado debe servir como un regulador en la adquisición de los bienes de cada individuo, por tanto el comercio, con su codicia insaciable, dobla el valor de las cosas al nivel de provocar usura. De ahí la necesidad de la moneda, que debe ser regulada por el Estado. Por ende el Estado debe tener siempre de por mira el bien de los administrados".*

Para que el gobierno del Estado no sea profundamente injusto-dijo Aristóteles-la soberanía debería residir en las leyes fundadas, con una estrecha relación entre las leyes y la constitución. "Estas leyes son superior a la persona, van de acuerdo con la razón (sentido común), son escritas por ciudadanos ilustrados y hombres de bien(sabios con ética transparente), y están por sobre el poder arbitrario de cualquier individuo (justicia igualitaria)".

Al nivel de individuo, de acuerdo con Aristóteles, comenzamos formando las familias en forma desigual, por tanto que existen superioridades e inferioridades naturales *"las que determinan la existencia de los caballeros y los esclavos: la esclavitud natural es necesaria, justa y útil, pero el derecho de la guerra no puede fomentar la esclavitud".*

Si a partir del individuo proyectamos esta idea hacia el mismo universo, podemos llegar a entender lo que denominaremos la estructura del poder.

A estas alturas es necesario definir el concepto de poder como una fuerza que tiene como característica fundamental el ejercicio de una voluntad sobre otra, ya sea por una simple persuasión, por manipulación económica, por manipulación psicológica o por un acto de impune violencia.

Tener poder significa ser el dueño del mandato sobre acciones que no pueden ser rebatidas con un argumento lógico basado en deducciones verdaderas que tienen una comprobación irrefutable, sino más bien por un acto similar de mandato, fuerza o violencia.

En cuanto el pensamiento de Aristóteles en la formación de la República está basado en un principio de justicia, este solo viene a confirmar el raciocinio que en cualquiera sociedad humana van a existir desigualdades que van a mantener las estructuras de caballeros y esclavos.

A la cúspide de la pirámide humana estará el caballero con poder, al tanto que la fundación de la misma está cimentada por los esclavos y/o desvalidos que forman el grueso de la sociedad.

La familia y las necesidades individuales

Cada individuo pertenece a una familia, siendo éstas las que dan la fundación de la comuna y posteriormente del pueblo.

La realización de una sociedad comunal a este nivel fue lo que nos permitió sobrevivir como raza y crear grupos con pequeñas empresas abastecedoras de las necesidades de supervivencia. Estas fueron las comunidades agrícolas, las cuales a partir de la revolución industrial comenzaron a perder su valor, por cuanto de una sociedad comunal pasamos a una sociedad consumidora a la espera del mejoramiento en la calidad de vida.

La revolución industrial dió rienda suelta en las naciones más avanzadas en la formación de sociedades intermedias, algunas con gran poderío económico, que comenzaron a moldear las prevalentes reglas y leyes de la nueva sociedad y a involucrarse de lleno en las estructuras de poder de las naciones, de los continentes y ahora del mundo entero.

Dentro de cada estructura de pirámide, desde el individuo hasta la nación, existen diferentes niveles de poder.

El líder de estas estructuras puede ser autoasignado, pero si queremos concentrarnos en una sociedad civil, "sin valernos de crímenes o intolerables violencias" como lo definiera Maquiavelo en su tratado político El Príncipe, *"nadie se elevará al nivel de soberano, sin el apoyo del pueblo, o de los grandes (intereses y capitales de la sociedad moderna)"*.

Para ello nos hemos convertido en los maestros de la manipulación individual muy bien alimentada en nuestros días por los líderes populistas.

Escala de las necesidades individuales de Maslow

A partir de Abraham Maslow quien configuró la gran jerarquía de las necesidades básicas y superiores individuales, creando la famosa pirámide de valores que cada uno de nosotros tenemos, todos los líderes estelares del mercadeo masivo han utilizado esta escala de valores para convertirnos en la sociedad consumista de la actualidad.

Clare Graves y posteriormente Don Beck, desarrollaron un modelo espiral a partir del pensamiento de Maslow, para elevar el comportamiento individual a uno espiral del individuo dentro de la sociedad.

Para Graves y Beck más allá de las necesidades individuales, están los **memes**, o los diferentes estados de conciencia en la cual se desenvuelve cada individuo. Estos **memes** son al mismo tiempo una estructura sicológica, una escala de valores, y un modo de adaptación, los cuales se pueden manifestar de numerosas y distintas maneras, desde nuestros pensamientos sobre temas mundiales, hasta la misma selección de la ropa que utilizamos a diario.

De tal manera que nuestro comportamiento social está prácticamente dictaminado por las condiciones de vida que experimentamos, las que van formando nuestra escala de valores.

Este pensamiento determinista nos haría esclavos de nuestro destino basado en presiones sociales o ambientales y acontecimientos pasados, los cuales sin duda debieran tener una influencia decisiva en nuestro comportamiento, y por ende, en nuestro destino.

Esto da validez al pensamiento que en esta vida cada persona se labra su dicha y su desdicha.

Pero existe una profunda diferencia filosófica entre algo que es predeterminado, lo cual implica la dictadura de un comportamiento actual por otro elemento superior del cual no tenemos control, el de nuestra conducta en el presente dictaminado por un racionamiento analítico y lógico.

La diferencia está en que los elementos científicos deductivos tienen una razón lógica de comportamiento comprobado por experimentación en nuestro mundo físico, que es totalmente distinto de la idea en que un ser superior controla y planifica dicha actividad por su propia voluntad.

Esta diferencia entre algo deductivo y algo místicamente predeterminado tiene grandes implicaciones en nuestros comportamientos como individuos y en la forma como abordamos nuestra propia existencia dentro de este planeta.

En materia espiritual, aceptamos basados en una fe sin requisito de explicación, que estamos predestinados a una cierta labor terrestre durante esta corta permanencia, la cual es una prueba a la forma como nuestra alma y espíritu continuará su viaje eterno.

Esta filosofía se contrapone a la idea de los libres pensadores que mantienen que cada individuo tiene la habilidad para escoger entre distintas posibilidades durante el curso de su vida y que la permanencia es finita sin proyecciones eternas.

Ambos conceptos deducen una responsabilidad social individual que puede ser manipulada y están íntimamente ligada a las persuasiones, sugerencias, prohibiciones y finalmente mandatos de acuerdo con la escala de necesidades humanas (Maslow) y a las prioridades establecidas por los poderes vigentes (Democracia liberal).

Cualquiera sea la postura filosófica, lo que permanece como realidad irrefutable, es que a medida que nuestras necesidades se elevan debido a un mejoramiento financiero, nuestro pensamiento en lo relativo al comportamiento individual dentro de la división social se torna más sofisticado y adquiere una conducta con nuevos matices de intelectualidad que no necesariamente nos hacen más iguales.

Por otro lado, tenemos la poderosa conciencia dentro de nuestro cerebro que de pronto nos hacen enfrentarnos entre un mundo físico material contra la independiente y sofisticada realidad mental.

Nuestra mente es una insaciable fuente de preguntas e interrogantes que al no encontrar una explicación lógica dentro del mundo físico en el cual vivimos del porqué estamos aquí, establece un comportamiento dual entre lo material y lo que el cerebro compartimenta como conciencia.

Este dualismo de mundos paralelos es el que ha sido el fundador de las religiones y grupos filosóficos que intentan explicarnos como nuestros cuerpos tienen vivencia fuera del mundo material y físico en una forma isotérica.

Existe de por sí un pensamiento en el cual la conciencia es un cimiento tan poderoso e importante en nuestra realidad cotidiana como lo es la materia, energía, espacio y tiempo. Es decir, es una dimensión paralela a nuestra vivencia.

Una explicación del dualismo es que este nos da la capacidad de observación en otras personas para interpretar su comportamiento a través de los niveles de conciencia que exhiben, independientes de su cultura, aspecto biológico o lenguaje.

Otro modelo de conciencia sugiere que el mundo físico sólo adquiere vigencia con nuestra presencia. Es decir, que somos nosotros los que le damos validez a la existencia del mundo físico y que este desaparece cuando nosotros no estamos presentes.

Los humanos nos diferenciamos del resto del reino animal por tener conciencia expresada tal vez en distintas formas, pero existente en nuestro cuerpo. De lo que no tenemos aún una explicación cabal es cómo se forma y se desarrolla esta conciencia y cómo alcanza diferentes niveles para interpretar la realidad física en la cual estamos sumergidos.

LA TEORÍA DE LA SARDINA

Uno de los peces más uniformes y más abundantes de los océanos es la sardina.

Miden 20 cm, llegan a un peso máximo de 0.49 kilogramos, pertenecen a la familia de los arenques.

A pesar de que existen en distintas latitudes, mundialmente la sardina es el pez más bien reconocido e igualitario que existe en la tierra.

En forma uniforme migran alimentándose de noche en la superficie con el plancton marino donde son fácil presa de gaviotas y otras aves marinas predatorias.

Si queremos buscar un sistema igualitario dentro del mundo, las sardinas deben estar en los primeros lugares. Su gran uniformidad no solo es en su apariencia, sino también en su convivencia, nutrición y funciones migratorias a través de las costas.

Esta es una sociedad tan igualitaria cuyo padrón de desarrollo es lógicamente predecible y por ello su captura anual para ser procesadas, envasadas y vendidas en todos los supermercados mundiales ha llegado a los 14 millones de toneladas.

Una sardina aislada y en su ambiente natural podría vivir hasta 25 años. Esta longevidad no es la típica de la sardina que vive en el cardumen.

La uniformidad incluso en sus envases de lata se ha transformado en un comparativo que los humanos utilizan para referirse a cualquiera conglomeración uniforme: *"Vamos apretados como sardinas"*.

Metafóricamente podríamos utilizar la misma connotación para el empuje que se le está haciendo en lo que hemos venido a reconocer como el nuevo orden del mundo actual a los principios de igualdad y homogeneidad.

Los líderes mundiales, todos en una forma u otra, nos continúan ingenuamente tratando de domesticarnos con la teoría de la sardina, para intentar convertirnos en algo completamente uniforme, con una cultura, identidad y forma de vivir idéntica.

Uno de los iniciadores de la teoría de la sardina fue el mismo Karl Marx, gran pensador judío quien deseaba que al igual que en las antiguas escrituras bíblicas, todos fuésemos iguales creando un sistema comunista que posteriormente Lenin, Stalin y sucesores lo llevaron a la practica con la formación de la Unión Soviética.

Esta uniformidad establecida más por la fuerza que por la convicción comunal de un verdadero e igualitario grupo humano, solo creo una sociedad de poder diferente.

Los individuos pasaron a ser súbditos del estado, debidamente controlados con un máximo de seguridad, llevando a todos por un cauce que se consideró igualitario como el de las sardinas.

Sabemos que con el tiempo distintas castas bolcheviques han pasado primero a desmembrar la Unión Soviética y luego a tratar de reagruparla a través de lo que se conoce hoy nuevamente como Rusia. Lo que si tenemos claro es que el individuo ruso actual no quiere ser una sardina más y lucha desesperadamente por convertirse en una sociedad más individualista y capitalista que comunista.

Por otro lado, a medida que hemos ido evolucionando en el otro sistema opuesto al comunismo como lo es el capitalismo, poco a poco hemos ido adoptando esta misma filosofía sardinistica del poder económico sobre las masas populares tratando de socializar al gobierno a través de los sistemas de salud y educación.

La idea de las grandes cadenas multinacionales como McDonalds, Burger King, Starbuck, Guess, Calvin Klein, Christian Dior, Victoria Secret y muchas más, es también la de crear una moda y forma de vivir homogénea, que será similar y simple de entender por el grueso de la comunidad mundial, a través de una propaganda multinacional uniforme que es aceptada en cualquier idioma que se presente.

Si deseamos pertenecer a este mundo igualitario, entonces todos debemos vestirnos con blue-jeans marca Guess, comer hamburguesas del McDonalds, tomar cafe de Starbuck, usar ropa interior de Calvin Klein o Victoria Secret, para que hasta cuando nos desnudemos nos podamos sentir iguales.

Esto facilitará a los líderes la forma como ejercer el poder en forma discreta sin que nadie se sienta alienado o totalmente sofocado, al tanto que tal como lo dice la canción de Pink Floyd, nos lleguemos a sentir confortablemente aturdidos.

La explosión de la ciencia genética actual con sus descubrimientos a nivel molecular esta aún promoviendo más la teoría sardinística.

A nivel de laboratorio estamos capacitados para manipular los genes y de esta forma evitar autismo, esquizofrenia y problemas de desarrollo físico.

Si logramos manipular los genes para que la inteligencia sea uniforme esto podría producir una sociedad robótica humana de aspectos similares a las sardinas con las debidas implicaciones sociales.

El efecto dominó de esta revolucionaria técnica científica manipuladora de la estructura de futuras generaciones es real y no debe ser ignorada por la clase gobernante. Sin duda van a existir grandes controversias sobre el tópico, más grande de las que ha generado la rápida llegada y expansión de la Edad Digital.

Sociedad o suciedad moderna

En el mundo occidental paulatinamente parecemos movernos en un continuo circulo de una sociedad a una *suciedad* moderna donde la meritocracia es debidamente manipulada por los populistas o las armas del poder y donde las desigualdades son disfrazadas como igualdades, o explotadas en forma demagógica para entregarnos la ilusión de un nuevo orden que tiende a preservar el antiguo orden.

¿Cómo llegamos de la monarquía, a la democracia, a la oclocracia, a las dictaduras del proletariado o capitalista y finalmente a las tiranías?

Actualmente hablamos en forma desmedida del poder de la sociedad civil.

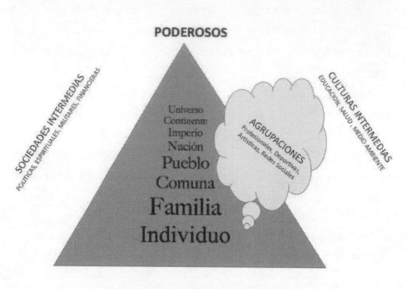

Estructura de la pirámide social a partir del individuo

La existencia de esta sociedad civil está basada en las instituciones intermediarias que hemos creado entre las cuales podemos distinguir las estatales, las de lucro, las benéficas y las eclesiásticas.

Cada grupo de instituciones tienen impactos positivos o negativos en la sociedad y últimamente en el individuo de acuerdo con su constitución y sus engranajes operativos.

Para realmente entender el movimiento de una sociedad en distintas direcciones debemos buscar los motores de dichos movimientos.

La potencia de este motor operativo es generada por el grado de octano que el alto mando inyecta a la gasolina que actúa como el mandato populista y la chispa que es la ignorancia con la cual arranca el motor de cada individuo dentro del grupo que finalmente mueve a las masas populares para aceptar o revelarse contra el indoctrinamiento superior.

Esto es lo que crea poder dentro de la nueva sociedad civil.

Esto forma las sociedades intermedias, que como los eslabones de una cadena se van hilvanando hasta llegar al ancla que sirve de soporte de la sociedad, que en nuestra era moderna, denominamos el gobierno.

El poder opera de acuerdo a una cultura de confianza existente en cada una de estas instituciones intermedias, en las cuales cada uno de sus miembros, que rápidamente se comportan como desconocidos a su propia íntima estructura familiar, forman un núcleo común, crean un verdadero capital social que empuja el bienestar económico y social de la institución, muchas veces sacrificando y o abandonando las necesidades individuales y de sus familias.

Dado el comportamiento humano predecible, en dichas instituciones existen tendencias a que emerjan individuos que se transforman en líderes del caudillo y otros que al sentirse abandonados por sus núcleos íntimos, boicotean la cultura de la institución para provocar un cambio o un derrumbe de la misma.

Esto se acentúa con la elección por las instituciones de líderes de carácter tiránico que imponen sus ideas y cultura al grupo para beneficio propio, de sus aduladores y sus superiores.

Con ello se consolida la perpetuidad de líderes absolutos. Ya sabemos que en cualquier situación de poder absoluto existe un alto porcentaje de probabilidad que degenerará en corrupción mediante el abuso del mismo.

El poder centralizado en pocos individuos sin una debida fiscalización independiente, generalmente tiene como objetivo central el mantener un statu quo donde las desigualdades son debidamente manipuladas por fuerzas exclusivamente personales con una deliberada opresión de las virtudes individuales dentro de la sociedad civil.

Tenemos más de un millar de ejemplos en la historia de la humanidad sobre dichos casos.

Este comportamiento social nos enmaraña en el círculo vicioso donde gradualmente como sociedad nos movemos de monarquías, a democracias, a oclocracias, a las dictaduras y a las tiranías.

La pregunta es ¿cómo eliminamos este círculo vicioso donde una verdadera democracia liberal y soberana pueda cimentarse mediante una fiscalización transparente que proteja el desarrollo de la sociedad civil, libere la opresión de las reales virtudes individuales y base su desarrollo económico en funciones meritorias de reconocimiento a habilidades y esfuerzos, sin que las fuerzas del poder manipulen el statu quo que degenera en el consabido circulo?

Para ello debemos analizar los elementos que influyen en la manipulación del poder en todas las sociedades:

1. Las economías predominantes;
2. Las fiscalizaciones de las economías;
3. El comportamiento social y tecnológico de cada individuo;
4. La consciencia en el comportamiento del individuo.
5. Comportamiento del dinero

1) Las economías predominantes

Nuestras sociedades tienen diferentes instituciones intermedias, todas las cuales se manejan en forma cuasi independientes. Estas gobiernan sus propios valores éticos, y para su sobrevivencia, deben manejar sus economías en acuerdo con sus doctrinas y pirámide de poder.

De ahí que existen diversas economías que están siempre en juego, cada cual con una diferente estructura de poder.

A lo menos tenemos tres economías que en más de una sociedad están entrelazadas y que a veces se contraponen las unas de las otras.

Estas economías son: las de capital, las espirituales y las del medio ambiente.

Generalmente, cuando nos referimos a las economías, solo analizamos la economía de capitales o mercados bursátiles donde las fuerzas de demanda y oferta están en pleno juego.

Analizamos el éxito del poder político basado exclusivamente en esta economía.

Pero dentro del campo de materias económicas existen otros elementos de poder que no debemos ignorar.

Paralela a la poderosa economía de capitales está la economía espiritual, donde los valores no comerciales que se transan están entremezclados con los de las leyes de demanda y oferta. Con ello agregamos valores éticos sobre nuestra mortalidad y eternidad, sea esto a través de teorías evolucionistas o creacionistas, las cuales adquieren un valor tangible y fluctuante con un impacto constante en los individuos que crean la economía de capitales.

A las dos anteriores economías hay que sumarle la economía del medio ambiente, donde podemos incorporar los elementos de salud y educación, que al igual que las otras dos economías tiene su impacto en ambas.

Estas tres economías no actúan en forma independiente y su influencia en el comportamiento de la sociedad civil y el individuo es decisiva en cómo a nivel de personas, decidamos aceptar o rechazar sus estructuras e imposiciones.

2) Las fiscalizaciones de las economías

Las fiscalizaciones de dichas economías, que exhiben su propia escala de poder interno, están basadas en sociedades con un derecho jurídico, militar y/o religiosas.

Dependiendo en el estilo predominante de gobierno, el peso del poderío fiscalizador puede estar equitativamente o parcialmente distribuido entre estas sociedades.

Es necesario aquí distinguir entre el poder político, generado por una democracia mayoritaria, respetuosa de las leyes, sin manipulaciones socioeconómicas y el poder despótico impuesto no por un mandato popular con una razón judicial, sino por la fuerza.

Los sistemas de comunicación actuales, con el advenimiento de las redes sociales a través del internet, y el bombardeo, análisis y control de información a través de este medio mundial, se ha convertido gradualmente en un importante elemento de manipulación de estas economías y por ende, del poder.

La edad digital, como se le ha denominado al periodo actual, se ha convertido en un arma poderosa comunicativa donde individuos son expuestos a diario a sus valores económicos, ideológicos y éticos. Esta transparencia digital puede ser ahora manipulada con algoritmos inteligentes que sirven para rastrear y debidamente dirigir a la sociedad civil de acuerdo con la conveniencia de quienes tienen el poder de la base de datos. Ello permite utilizar el poder informativo en la forma que estimen conveniente los dueños de esta poderosa arma para la manipulación mundial de las masas populares.

Existe actualmente una economía basada exclusivamente en algoritmos.

Estos algoritmos son capaces de predecir resultados a priori de un acontecimiento basado en deducciones matemáticas lógicas que permiten al computador pronosticar con gran certidumbre, cuál será el comportamiento de los individuos dentro de la sociedad civil en determinadas circunstancias.

Existe inteligencia artificial capacitada para recolección de datos utilizados por los buscadores de internet, la cual puede crear algoritmos que son utilizados diestramente en el mercadeo de un producto. Esta recolección informática ha demostrado su incalculable valor y empresas como Google y Facebook se han especializado en el campo de la creación de estos algoritmos permitiendo consolidar distintas fuentes de información para convertirlas en poderosas herramientas de mercadeo.

Esto ha originado una nueva fiscalización acerca de los derechos privados del individuo dentro de la sociedad civil y en la forma como empresas con poderosos algoritmos en el internet deben salvaguardar la integridad en estas bases mundiales de datos personales.

Por otro lado, los gobiernos populistas utilizan estas herramientas digitales para desprestigiar y controlar los medios tradicionales de comunicación que en el pasado han sido los fiscalizadores de los abusos de poder.

3) Comportamiento social y tecnológico del individuo

Ahora bien, el comportamiento social y su participación en la balanza del poder están íntimamente ligados al factor predominante que maneja a las masas populares, quienes en un alto porcentaje por su falta de educación e intelectualidad, adoptan rápidamente un comportamiento que es propiciado por esta manipulación efectiva de la base de datos e inteligentemente dirigida a la movilización efectiva de la gran estupidez humana.

Este comportamiento irracional de las masas populares fue el que llevo a cerebros tan grandes como el de Albert Einstein a enunciar que la estupidez humana es infinita.

Actualmente lo hemos transformado en el dicho cultural que se ha convertido viral en el internet que enuncia: *el mundo está plagado con estúpidos ubicados estratégicamente para que te encuentres al menos con uno de ellos cada día.*

Por ello, ahora podemos demostrar que la estupidez humana es primero finita, y segundo que es el motor mismo de nuestro circulo vicioso de democracias, oclocracias y dictaduras.

La estupidez humana podría ser erradicada, por cuanto dada las condiciones de una verdadera sociedad educada, saludable y jurídicamente igualitaria, puede ser superada para ayudarnos a mantener un equilibrado sistema democrático transparente que sea aceptable para el grueso de las masas populares.

Para ello debemos primero comprender etimológicamente la condición de estupidez humana.

La palabra estupidez viene del latín *stupidus* = aturdido y *ez* = cualidad. Es decir estupidez humana es *la cualidad de estar aturdido.*

Este estado humano nos hace torpes en nuestra capacidad mental para deducir pensamientos en forma lógica, con lo cual nuestra manera de utilizar el cerebro en forma racional es entorpecida por un estado de aturdimiento.

Es decir, una persona estúpida está constantemente en un estado de aturdimiento, el cual confunde su pensamiento lógico y lo hace tener un raciocinio distorsionado en un momento decisivo de cualquiera realidad. Esto lo impulsa a cometer actos de irracionalidad, los cuales considera normales, incluyendo la transgresión de cualquier derecho que infrinja en otros.

El pensamiento irracional, o cualidad de aturdimiento, o estupidez, es el producto de una mente alterada por funciones químicas o por una ignorancia parcial o total, o alguna otra causante de la cual no tenemos conocimiento.

Con ello podemos concluir que estupidez e ignorancia van mano a mano, y por ende, a sabiendas que existen millones de humanos que han superado el estado de ignorancia a través de la educación, podemos deducir que la estupidez humana no es infinita, por cuanto existe un gran contingente que pertenece a esta exclusiva clase humana inteligente.

Ellos, en su mayoría, son los que científicamente nos han dado los conocimientos y las herramientas para mejorar nuestra presente calidad de vida.

Si estamos de acuerdo en estos enunciados entonces podemos deducir que existe una clase humana inteligente, quienes han superado el estado de estupidez, para quienes este aturdimiento es finito, y que tienen el deber de educar e incorporar a la enorme masa estúpida dentro de este desigual mundo de racionalidad/inteligencia contra aturdida ignorancia/estupidez.

Por otro lado si este enunciado es valedero, entonces podemos afirmar que la clase inteligente mantiene oprimida a las masas populares en su estupidez por razones de poder y de control.

Sabemos que la democracia, o gobierno de las masas populares, cuando se desasocia del respeto jurídico, rápidamente se degrada en lo que ahora denominamos oclocracia, o ingobernabilidad como consecuencia de la aplicación sistemática de políticas demagógicas o populistas, donde se eliminan todos los padrones sobre lo que es realmente verdad.

Los desmanes de las masas populares incultas y estúpidas, con el uso indebido de la violencia para obligar a los gobernantes a adoptar políticas y decisiones inadecuadas, crea el ámbito preciso para moverse a dictaduras capitalistas o del proletariado con el debido abuso de poder que estas traen.

La conclusión es: ¿hasta qué punto la clase inteligente quiere diluir su poder educando a la clase estúpida para elevarla a su mismo nivel intelectual y económico, cuando es obvio que una mala democracia demagógica nos lleva a una oclocracia y derecho a una dictadura?

Este es un largo camino de revisión en el mejoramiento a los principios democráticos vigentes, con sus instituciones y su debida transparencia en su fiscalización, para evitar los abusos de cualquiera de los tres poderíos económicos.

En este ámbito todos los que hemos sido elevados en la escala intelectual tenemos la obligación y responsabilidad en divulgar ampliamente los abusos auspiciados por las desigualdades en las diferentes sociedades.

Por ejemplo las manipulaciones económicas en la parte del capital, las degeneraciones humanas a través de las economías espirituales, las desequilibradas políticas de educación y salud, el abuso de algoritmos concebidos con desmedro del medio ambiente para mantener ventajas económicas ilimitadas, y en general cualquier vislumbre de poder abusivo en cualquiera de las economías.

Es el deber de todo ciudadano mantener en jaque dicho abuso a través de la trasparencia comunicativa que ahora nos provee el internet, el respeto mutuo al derecho jurídico igualitario que debe existir para todo individuo, y el respaldo a los medios comunicativos tradicionales fiscalizadores de la verdad.

Toda transgresión debe ser debidamente expuesta y enjuiciada por el derecho jurídico, ahora más universal, con su veredicto respectivo de acuerdo con el marco de la ley y sus sanciones respetadas evitando manipulaciones económicas, político demagógicas o de intereses creados por el uso indebido de la fuerza.

Comportamiento Tecnológico

La Edad Digital ha transformado el comportamiento de nuestra sociedad.

He aquí un problema sociológico mundial que debe ser enfrentado con sabiduría y madurez.

A partir de la introducción de la Televisión, los juegos electrónicos, el internet y los teléfonos celulares, a nivel de consumidor, todos han tenido diferentes impactos sociales en el comportamiento individual y familiar.

Varios filósofos, escritores y anarquistas nos advirtieron durante los 1900 de los cambios y dependencias que dicha tecnología implicaban, muchos de ellos oponiéndose violentamente a cualquier avance tecnológico, que de acuerdo con sus pensamientos, nos traería la destrucción de la raza humana como la conocíamos hasta mediados del siglo pasado.

El pronóstico actual es que a futuro las máquinas controlarán nuestro comportamiento y pasaremos a ser los esclavos de dicha tecnología.

Por otro lado, investigadores están realizando estudios de cómo crear tecnología para recrear y duplicar la conducta humana. El propósito es el utilizar este sistema para prevenir comportamientos durante crisis sociales de envergadura.

Su aplicación más pragmática es la de utilizar estos sistemas en la fabricación de máquinas robóticas que tengan comportamientos similares a los humanos mediante inteligencia artificial.

Pero, ojo con todas estas investigaciones de alta tecnología y científicas.

En un diálogo reciente con un amigo que vive en Norteamérica me entregó información sobre cómo a veces estas investigaciones científicas se descarrilan. A continuación su relato:

Tiempo atrás te mencioné el caso de Ann, una científica a la cual el dueño de una compañía que produce una renombrada aspiradora para el hogar le había comprado la compañía fundada por ella. Ann anunciaba una fabulosa batería de litio, pero del estado sólido, es decir una batería que no necesitaría usar un solvente orgánico para transportar los iones entre los dos electrodos. Ese solvente es indispensable, pero aumenta los problemas de seguridad porque es inflamable. Aquí se hace necesario aclarar que eso que ella hacía se llama research, es decir investigación, y que de ahí a saltar y proclamarle al mundo que lo tenía todo listo para salir al mercado, eso era ficción, una mentira calculada. Esa batería del estado sólido como lo indica el nombre, involucra el uso de un sólido, un film sólido ubicado entre los dos electrodos, para transportar los iones. Es experimental y todavía no funciona bien, y todavía menos si se la piensa utilizar en una batería para el auto eléctrico. En todo caso, ella logró conseguirse dinero y aplicar a las distintas agencias americanas con su proyecto. Eso es lo que normalmente se hace, se presentan las ideas, se explican y después de un escrutinio riguroso se aprueba. Así es como el Departamento de Energía asigna los proyectos. Ella, sin embargo, eligió el contacto directo con la GM (General Motors), que fue la primera gran institución que le dió dinero. Y lo consiguió —y esto lo sé por un amigo que tengo en la GM-al involucrarse sentimentalmente con un importante ejecutivo de esa empresa. De ahí empezó a aumentar la bola de nieve. Con ese contrato se hizo entrevistar por periodistas, que impresionados con el contrato que le dio la GM, y sin ningún escrutinio adicional, le tiraron flores por la prensa. Prácticamente en pocos días más tendríamos baterías para el auto eléctrico....

De ahí Ann no perdió más tiempo, siguió "trabajando" y visitó la oficina del entonces senador por el Estado quien también, muy impresionado, tomó el teléfono y llamó al Departamento de Energía exigiendo ayuda perentoria para este genio de la electroquímica moderna, que tenía enfrente. ¿Le habrá bailado sobre el escritorio al poderoso senador? De ahí incluso presentó su fabulosa batería en un evento organizado por la Casa Blanca, con foto y conversaciones con el Presidente Obama. El dueño de una de las compañías fabricantes de aspiradoras, como me imagino lee los suplementos técnicos de los periódicos (y no las revistas científicas porque no es un científico), también se impresionó muchísimo con esa batería y le terminó comprando la compañía a Ann, quien pasó a ser parte de la empresa de aspiradoras. Y anunció que en pocos años más, él también tendría su propia compañía de autos eléctricos. Lo bueno es que la propulsión eléctrica ya dejó de ser algo oscuro para llegar a ser un tema "sexy". Si tu eres un hombre de negocios y con un fuerte ego, también te entregas a esos sueños emprendedores...luego vino el encuentro con la realidad cuando el avance tecnológico falló. Ann fue finalmente despedida de la empresa que la había adquirido....

¿Y cómo se podría calificar todo este gran fiasco? Como muchas de las grandes frescuras que me ha tocado presenciar en mi carrera. Este ha sido otro típico caso del esquema de la "pirámide", pero aplicado al área tecnológica. Se explota una idea, se miente, para en corto plazo, arrancar de los escombros con los bolsillos chorreando dinero. Algo parecido ocurre también en el área médica. La idea es fundar una empresa (que uno sabe que no es viable) con la intención de ganarse grandes contratos, para finalmente ser comprada o hacerla pública para ganar con las acciones. Uno se puede desprestigiar un poco, es cierto, pero como organizador de ese esquema no pierdes nunca dinero; siempre ganas. Ann, por otro lado, siempre podrá decir que en la investigación se corren riesgos, y que ella siempre creyó que todo le iba a resultar.

Por mi parte, prefiero recordarla como la química calladita y honesta que conocí cuando asistía a las reuniones de nuestra sociedad profesional.
Diciembre de 2017

Volvamos al tema de la nueva alta tecnología que nos rodea desde el punto de vista de los consumidores.

Lo más inmediato del impacto tecnológico en lo social es en la vida cotidiana.

Saber el pronóstico del tiempo al despertarnos preguntando a *Alexa*, revisar el calendario de actividades diarias durante el desayuno, tener recordatorio al minuto de las labores a realizar al llegar a la oficina, interactuar con familiares y amigos con mi teléfono celular mientras estoy detenido en la autopista, hacer compras sentado en el escusado utilizando mi MiniIpad, escribir artículos o entretenerse con juegos durante una reunión social, ver documentales o películas en cualquier idioma o incluso instruirse en materias totalmente desconocidas antes de dormirme.

Todas estas posibilidades han convertido a un millar de individuos en tecnoadictos o en verdadera adicción tecnológica con una dependencia cuasi mentalmente idiota y de demencia.

Nuestro comportamiento actual está íntimamente ligado desde el nacimiento a estos sistemas tecnológicos, que han pasado a constituir la forma como nos relacionamos y el comportamiento que expresamos debido a la instantánea información adquirida.

Pero sabemos que el mercadeo de esta tecnología puede tener más hoyos que un queso suizo y que nunca nos entregarán aquella maravillosa funcionalidad que es tan diestramente presentada primeramente por sus inventores y ensalzada por los mercaderes en las redes sociales.

Es importante por ello informarse y estar alerta al cambio de comportamiento en nuestra vida familiar que producen el computador, la televisión, los equipos de comunicación como teléfonos celulares o *Alexa* y en general todas las tecnologías de información y comunicación, especialmente con los adolescentes donde el impacto en su conciencia es de carácter permanente.

Alerta con aquellos amigos que nos invitan a una reunión social y lo primero que hacen al llegar es sacar su celular para comenzar a *textear* y chatear en sus espacios virtuales. Esta es una clara indicación que la vida virtual de estos individuos es más importante que sus relaciones personales.

La realidad es que la tecnología puede ser un potente aliado o enemigo de acuerdo con cómo la utilicemos y le permitamos controlar nuestras vidas.

Subyugarnos ciegamente a su mandato es caducar nuestra inteligencia humana, en lugar de estrujar los beneficios que podemos lograr utilizándola como una poderosa herramienta a nuestro servicio, para nuestro bienestar y progreso.

4) Conciencia y comportamiento

Nuestro propósito en la vida, seamos de cualquier denominación (místicos, ateos, agnósticos, científicos, profesionales, o plenamente comunes) todos nos hacemos en algún momento la misma pregunta: ¿porqué estoy aquí?

Como no le encuentro respuesta inmediata, entonces me hago la siguiente pregunta: ¿porqué soy quien soy?

Difícil de contestar también. La respuesta a la pregunta con variantes es similar. O somos evolutivos a partir de un chimpancé, o fuimos creados a imagen y semejanza de alguien que nadie nunca hemos visto hace unos 10 mil años. Ambas versiones no pueden ser confirmadas pero hacen de un buen tema de conversación, motivado por un alto grado de fe o tal vez imposición sociocultural.

De aquí en adelante de acuerdo con la profundidad de nuestros pensamientos desarrollados por nuestro cerebro, comenzamos a indagar en la oscuridad misma de las preguntas iniciales sin respuesta.

El místico le encontrará una respuesta en lo intangible basado en su total fe que no acepta interrogantes, al tanto que el ateo, agnóstico y científico lo intentará racionalizando unas respuestas de una lógica deductiva. Los profesionales adoptarán la que más sea de su conveniencia y el grueso común aceptará sin mayor preocupación el de la mayoría.

Tal vez en la forma más simple posible podríamos darnos una respuesta más inmediata: estoy aquí, porque no estoy en ningún otro lado. O como un derivado de lo ya enunciado por pensadores de mayor profundidad:*'estoy consciente, luego estoy aquí presente'*. O como un gran amigo mío me lo repite cada vez que lo encuentro: aquí presente, activo y combatiente.

Si lo convertimos en una estrofa podríamos sintetizarlo así:

Estoy consciente y aquí presente;
también activo y combatiente.
Estoy aquí, no en otro lado,
porque lo que fui ya es pasado.
Y lo por venir, aún no ha llegado.
Soy como soy en tu presencia;
y archivado así en tu consciencia.

Y ahora que estamos dialogando sobre la consciencia, tratemos de navegar solo superficialmente en este tema que es de mayor profundidad que cualquier océano.

El desarrollo de nuestra conciencia comienza con la unión genética estampada en el ADN de nuestros antecesores y su posterior encuentro con el nuevo contorno ambiental, al cual lo bautizamos como nuestra realidad.

Implica la conexión desde el útero materno y nuestro asignado medio ambiente, posteriormente desarrollado durante un tiempo limitado con nuevas posibilidades, habilidades, soluciones, sistemas, procesos y descubrimientos.

Este eslabón genético hace posible nuestro mejoramiento humano, el cual lo podemos percibir como "realidad" presente que nos rodea y nos da vida.

Pongámosle proa al viento de la conciencia en nuestra navegación por el comportamiento, que de acuerdo con su intensidad nos proporcionará la aceleración necesaria para actuar con la diversidad de múltiples expresiones fisiológicas en el presente que vivimos.

Sin duda, la conducta humana responde a normas de comportamiento previamente aceptado, o al menos, adoptadas por grupos que conviven en armonía.

El individuo debe contar con un motivo para vivir, por cuanto sin un sentido de la vida, caemos en una desorientación que nos impide tener una calidad de vida con la cual alcanzar felicidad y sentirnos satisfecho.

Por ello nuestra conciencia no sólo ha de describir lo que somos, sino también deberá responder por las acciones que cometeremos en el futuro.

William McDougall escribió hace dos siglos: "… *los psicólogos deben dejar de aceptar la estéril y estrecha concepción de su disciplina como ciencia de la conciencia, y hacer valer audazmente su pretensión de construir la ciencia positiva de la conducta o comportamiento. La psicología no debe considerar que toda su tarea consiste en la descripción introspectiva del flujo de conciencia, porque ésta es sólo una parte preliminar de su trabajo. Tal «descripción introspectiva», tal «psicología pura» nunca puede constituir una ciencia, o, por lo menos, no puede elevarse al nivel de una ciencia explicativa; nunca podrá ser en sí misma de gran valor para las ciencias sociales. La base que todas ellas requieren es una psicología fisiológica y comparativa que repose en gran medida sobre métodos objetivos y en la observación de la conducta de hombres y animales de todo tipo, en todas las condiciones posibles de salud y enfermedad".*

En otras palabras lo que McDougall nos dijo hace mucho tiempo atrás es que la conciencia humana que se forma a partir de nuestra gestación está íntimamente ligada a nuestra fisiología, que es la determinante de nuestro comportamiento, a futuro. Pero no debemos detenernos ahí, sino que relacionarlo con el medio ambiente que nos rodea. Es nuestro contorno el que nos continúa moldeando la consciencia y el comportamiento y en ello entran a jugar factores tan importantes como los *memes* anteriormente discutidos y el dinero.

La función del dinero en el comportamiento humano juega un importante papel en la interacción del individuo con su medio ambiente y su posición dentro de la escala social.

Aquí no discutiremos análisis económicos ni los sistemas monetarios, así como tampoco la forma de hacer, invertir, gastar o ganar dinero. Existe una abundancia de libros en todas estas materias.

Lo que intentaremos encapsular aquí es el concepto de cómo nuestra conciencia maneja este elemento llamado dinero que afecta nuestro comportamiento social.

Es necesario para ello lograr entender cómo cada individuo posesiona y adquiere conciencia de su valor en las distintas sociedades y en sus diferentes escalafones.

Por cuanto el dinero es considerado mundialmente como el incentivo de vida más importante del planeta para individuos, políticos, empresas y naciones, es que debemos entender las escalas del poder económico -y como a nivel de país, pueblo, instituciones intermedias, asociaciones e individuos- la competencia no es por controlar mercados y sus recursos, sino plenamente cómo mejor explotar dichos mercados y recursos para amasar dinero y continuar usufructuando los beneficios que nos otorga un poderío monetario de cualquier envergadura.

En niveles más básicos, sea un mendigo callejero o un banquero prestigioso, el dinero nos lleva a realizar comportamientos sociales que apelan a distintos tipos de emociones y sentimientos para obtenerlo.

El dinero y su posición ha pasado a ser el centro mismo del renacimiento de la codicia llevado a su máximo extremo, y es necesario que a nivel individual nos concienticemos de su verdadero valor y definamos su importancia social dentro de la comunidad.

El dinero es el motor central que alimenta el poder y la política mundial.

En Estados Unidos, treinta mil individuos contribuyeron 50 centavos por cada dólar gastado en la campaña presidencial que eligió a Donald Trump. De estos 50 centavos, la mitad fue contribuido por tan solo 50 individuos. En un país con 150 millones de votantes, ¿Cuál es el valor para estos pocos individuos en contribuir con dinero para la elección de un Presidente?

La razón es la manipulación a nivel de Congreso sobre las leyes que los afectarán en materias tributarias y el dictamen de normas para la legal evasión de impuestos que el resto de la sociedad deberá pagar y suplementar.

Esto sucede a nivel mundial y de ahí el desencanto de la clase media por sus actuales gobernantes.

Los políticos se enfrentan a diario con el peligro que traen las regalías de financiamiento de campañas políticas, y muchos de ellos sucumben a la tentación de aceptar estas regalías que posteriormente deben pagar con favores legislativos.

Por ello es necesario entender y seguirle la huella al dinero en todo orden de cosas ya que no solo maneja gobiernos y religiones, sino que guerras, terrorismo y el crimen organizado.

Es la trasparencia en su utilización e intercambio de dueño el que nos permitirá ver si existe en este mundo moderno de la Edad Informática un sistema más equitativo en el trueque de habilidades y recursos.

El actual sistema monetario ha sido impuesto por los poderes económicos con un total desmedro en el costo social mundial.

Pero remontemos un poco y antes de sumergirnos en la idea que el dinero lo es todo y está al centro de todos los males, volvamos al concepto inicial de la consciencia.

Cada uno de nosotros poseemos una consciencia que hemos desarrollado a través del tiempo. En su interior, el dinero y su obtención adquiere diferentes matices de acuerdo con el individuo y su estrato social.

Esta consciencia es el verdadero rey existente dentro de nuestro cerebro, el cual como buen monarca es el que finalmente dictamina nuestro comportamiento dentro de nuestro medio ambiente, con o sin dinero.

Para ello nuestro rey cuenta en su comarca con diferentes personajes (personalidades múltiples de acuerdo con los sicólogos) los cuales son llamados a servir al rey para traducirse en comportamiento.

Analicemos entonces a este rey (ego) y sus súbditos (personalidades múltiples).

En un dialogo de fin de semana con uno de mis primos en la playa de Cachagua en Chile, abordamos el tema de la consciencia e intentamos simplificar algo que tiene a psicólogos, filósofos y científicos en una continua búsqueda por una explicación que nos diferencie de computadores, máquinas y otros animales.

Sabemos que cada individuo tiene su ego al cual denominamos el Rey, por cuanto este soberano (nuestro ego) es el que maneja todos nuestros comportamientos (nuestras personalidades múltiples).

La manera que lo hace es utilizando diferentes personajes que cohabitan en la comarca cerebral y se conectan a través de las neuronas.

Concluimos así que la estructura psicológica de nuestra consciencia está formada por nuestro ego, que adquiere las características de un rey en su comarca siendo el controlador absoluto del comportamiento y sus expresiones fisiológicas dentro de sus entornos o su medio ambiente.

Condicionado por los memes o su medio ambiente exterior, en el cual está situado, el rey va utilizando distintos personajes dentro de su comarca a los cuales estructura, acciona y utiliza a su entera discreción y voluntad de acuerdo con las estimulaciones exteriores a la que es expuesto.

Estos personajes son los que dimensionan la consciencia hacia el comportamiento y su expresión fisiológica. Crean de esta forma un flujo neurológico de conciencia humana estimulando a los sentimientos de tipo positivo o negativo de acuerdo con las circunstancias establecidas por los memes y el medio ambiente exterior, los que se traducen a un comportamiento.

Por ende el rey utilizará por ejemplo al guerrero para enfrentarse con conflictos, al tanto que llamará al policía en asuntos relacionados a sus obligaciones cívicas, al curandero para sus adicciones, al maestro para sus virtudes, el mentor para sus sensibilidades, el delincuente para su codicia, y al negociador para escalar sus necesidades y valores correspondientes. También el rey convocará a un cónclave de estos personajes para actuar en situaciones más complejas, aunque finalmente, luego de escucharlos, optará por la decisión que más le acomoda en dicha circunstancia.

Personaje	Motivo
Guerrero	Conflicto
Curandero	Adicción
Maestro	Virtud (humildad, generosidad, compromiso)
Mentor	Sensibilidad
Negociante	Escala de necesidades y valores
Policía	Obligación
Delincuente	Robo, crimen
Avaro	Codicia, glotonería y gula

Flujo de la conciencia humana

De acuerdo con William James, el flujo de conciencia es el conjunto constante de pensamientos y sensaciones que un individuo tiene mientras está consciente, usando como sinónimo su flujo de pensamiento.

Sin embargo, Bernard Baars, neurocientífico del Instituto de Neurociencias en La Jolla, California, desarrolló la teoría, que se conoce como la teoría del espacio de trabajo global.

Esta idea se basa en un viejo concepto de la inteligencia artificial llamada la pizarra, un banco de memoria a la que los diferentes programas informáticos podrían tener acceso.

Cualquier cosa, desde la aparición de la cara de una persona a un recuerdo de la infancia se puede cargar en la pizarra, desde donde se puede enviar a otras áreas del cerebro para procesar.

Según la teoría Baars, el acto de transmisión de información que rodea el cerebro de este banco de memoria es lo que representa la conciencia.

No indagaremos más profundo en estas teorías, pero de lo que tanto neurocientíficos, psicólogos y filósofos concuerdan es que existen diferentes tipos y niveles de consciencia humana y que su flujo y procesamiento son diversos y ocurren a través del sistema neurólogo impulsado por el cerebro.

Descartes ya lo había puesto en una forma más simplista al dictaminar que **_Yo pienso, luego yo existo_**, algo probablemente ya establecido por Sócrates y sus discípulos en la antigua Grecia.

Lo que debemos establecer es que cualquiera sea la formación y el flujo de la consciencia, ella está íntimamente ligada a las decisiones del rey que controla nuestro comportamiento coordinándose con nuestra fisiología.

Conciencia, comportamiento y fisiología

Parece haber entre los sicólogos de este siglo algún tipo de acuerdo en el importante papel que representa la consciencia dentro del comportamiento individual con expresiones fisiológicas.

La consciencia es considerada como el acumulativo motor principal, el cual tiene un arranque exterior causado por el medio ambiente, para expresarse en el comportamiento que exhibimos.

Ese comportamiento se transforma entonces en la evaluación favorable (sentimientos positivos) o desfavorable (sentimientos negativos) como el individuo es evaluado por la sociedad.

Este grado de actitud suele ser puesto en jaque por el medio ambiente, donde las normas sociales que son percibidas por la consciencia, actúan como uno de los primeros filtros para ejecutar o no el comportamiento dictaminado por nuestro ego.

Los otros dos factores que entran a reglamentar el dictamen jerárquico del ego son la cultura en la cual nos hemos desarrollado, las reglas establecidas por el medio ambiente y la genética a la que estamos esclavizados.

Al margen existen dos factores que no están bajo el control del ego y que juegan un importante papel en el comportamiento. Estos son los sentimientos y las emociones.

Sentimientos y emociones

La emoción es definida por las neurociencias como la respuesta de nivel básico que crea reacciones bioquímicas en el cuerpo, el cual altera el estado físico actual.

Los sentimientos, por otro lado, son asociaciones mentales y reacciones hacia las emociones según nuestras experiencias personales.

De acuerdo con el profesor de neurociencias Antonio D'Amasio, los sentimientos son experiencias mentales del estado en que se encuentra nuestro cuerpo. Estos sentimientos van apareciendo a medida que el cerebro interpreta y almacena las emociones. Las emociones, a su vez, surgen como respuestas fisiológicas hacia estímulos externos. La cadena emoción-sentimiento-comportamiento sería por ejemplo: estoy asustado, siento miedo y huyo del lugar horrorizado.

La emoción es una alteración del estado físico que se puede medir por medio de la presión arterial o latidos del corazón. La emoción nace de estímulos externos, son instintivos y de corta duración. Las emociones son también provocadas por los sentimientos y almacenados por la consciencia como por ejemplo cuando recuerdas un suceso trágico y lloras.

El sentimiento es una alteración en el estado mental que se mide según las experiencias de vida de cada uno. Son generadas en el subconsciente; por lo tanto queda en la memoria emocional siendo duradero y recurrente.

La diferencia entre emoción y sentimiento está en la tabla siguiente:

Emoción	Sentimiento
Se presenta en forma física	Es un ejercicio mental
Requiere estimulo externo	Motivado por experiencia y conexiones internas
Es un instinto	Esta en el subconsciente
Es temporal	Es duradero

Estos sentimientos y emociones son los que nos llevan a comportamientos que en algún momento de nuestra existencia, nos harán sentir responsables de acciones por impactos negativos o positivos en otras personas.

Los sentimientos negativos nos harán recapacitar y se transformarán en distintos grados de culpabilidad, la cual arrastraremos de por vida y difícilmente será reconocida con el debido estado de arrepentimiento.

En nuestra sociedad dividida las emociones suelen ser manipuladas por estimulaciones químicas que han sido creadas con el objeto de enfrentar nuestras tormentas internas, las cuales requieren en múltiples ocasiones una válvula de escape necesaria, para calmar los sentimientos de culpabilidad o los daños psicológicos causados durante nuestros años de formación y que acarreamos de por vida.

Culpabilidad y arrepentimiento

Es difícil de precisar cómo aceptaremos la culpabilidad y en qué grado nos arrepentiremos de lo que por consciencia hemos convertido en un comportamiento que ha afectado adversamente a otros seres humanos.

Mientras nos sentimos inmortales estos sentimientos son debidamente encajonados y manejados por la conciencia en forma justificativa o adormecidos por el alcohol y las drogas.

Esta situación cambia radicalmente en el momento en que nos enfrentamos con el termino de nuestra vida.

Al encontrarnos al borde de la muerte es cuando nuestra conciencia parece reflexionar y tratar de enfrentarse con acciones y momentos en los cuales nuestro rey ha sido un monarca egoísta y ha tomado ventaja o aprovechamiento injustificado de otras personas.

La enfermera australiana Bronnie Ware escribió un libro sobre el tema, titulado "*Los cinco mayores arrepentimientos de las personas cuando van a morir*", después de pasar ocho años trabajando como asistente de enfermos desahuciados.

"La gente crece mucho cuando se enfrenta con su propia mortalidad, dice Ware. Aprendí a no subestimar la capacidad de las personas para crecer. Algunos cambios fueron fenomenales. Cada uno experimenta una variedad de emociones, como son las suposiciones, negaciones, miedo, enojo, remordimiento, más negación y eventualmente aceptación. Cada paciente individual encontró su paz antes de morir".

"La relación con mis pacientes siempre fue de mucha honestidad", le dijo Ware a un entrevistador de la BBC de Londres.

Para ella hay cinco áreas en las que se podrían agrupar las culpas que perturban a quienes llegan a sus momentos finales.

No vivir como hubieran querido, sino como otras personas esperaban que vivieran, atendiendo a los mandatos familiares, de la sociedad, el país, el estrato económico.

Dedicar mucho tiempo al trabajo y no haber logrado un equilibrio entre mi vida laboral y mi vida social o familiar.

No haber expresado sentimientos de una forma honesta y muchas veces no haber tenido la valentía de decir lo que quería.

El deseo incumplido de haber estado más en contacto con mis amigos.

No haberme permitido ser más felices.

"Una de las cosas que más me impactaron-dijo Ware-fue el dolor con el que las personas se refieren a esas culpas. Me hizo reflexionar sobre el hecho de que uno no puede pasar por ese sufrimiento en esos momentos finales".

5) Comportamiento del dinero

Con toda la gran información que ahora la tecnología nos brinda ¿somos capaces de aprender y corregir nuestro comportamiento que ha creado errores económicos anteriores?

Aun no existen laboratorios para pruebas sociales en investigar comportamientos pasados con su historia y verificar leyendas urbanas o intentar predecir el futuro. Recién estamos aprendiendo a analizar todos los elementos involucrados en los comportamientos socioeconómicos mundiales necesarios para hacer predicciones más acertadas.

El pasado no es el camino hacia el futuro, pero si analizamos las cifras financieras globales entre los años 1965 a 1982 podemos observar que para los países desarrollados o primer mundistas, este fue un período de fuerzas inflacionarias.

En estos años los precios en artículos de consumo subieron en más de un 200 por ciento.

Durante este período, donde una generación del planeta creció escuchando a los Beatles cantar acerca del amor y al Presidente de Estados Unidos justificar la guerra de Vietnam, hubo acontecimientos mundiales que al colindar produjeron este fenómeno económico.

Entre ellos podemos mencionar el fenomenal aumento de los déficit en el gobierno americano debido a la guerra de Vietnam; las restricciones en el abastecimiento de petróleo a los países industrializados por el grupo OPEC que elevó el precio del combustible; las presiones de los sindicatos laborales norteamericanos para elevar los salarios y participar en las excesivas ganancias de las empresas multinacionales.

Los economistas convencionales explican en sus teorías que cuando la fuerza laboral es escasa, los mercados se comprimen y esto eleva los precios, por cuando las empresas tienen que subir los salarios en su esfuerzo para retener y atraer a nuevos empleados al mismo tiempo de mantener sus niveles de ganancia.

En la actualidad las nuevas políticas de gobiernos de derecha es de volver a medidas proteccionistas (ej.: BREXIT, America First), adoptando acuerdos mercantiles adversos al crecimiento económico global y reduciendo cuotas de ingreso a los inmigrantes de los países subdesarrollados. Ello ha creando el efecto contrario en estas finanzas nacionalistas, con un estancamiento económico que podría llevarnos a un estado deflacionario.

Todos los gobiernos occidentales están acarreando déficit en su empuje para estimular las economías internas. No existe un acelerador económico como guerras declaradas para tal efecto (la guerra al terrorismo, al narcotráfico y a las pandemias no pueden ser consideradas como tal); los sindicatos parecen haber perdido su empuje por alzas de salarios; los países subdesarrollados no progresan en educación, salud y protección social; al tanto que las empresas multinacionales continúan incrementando sus ganancias.

Ello indica que las nuevas generaciones en los países desarrollados continuarán viviendo economías con intereses bajos y una inflación débil.

Los mercados bursátiles, en la medida que la demanda no supere el abastecimiento, continuarán teniendo grandes inestabilidades que serán típicas de una estratificación económica mundial.

Si a ello le sumamos la aparición de la cryptomoneda digital, de las cuales Bitcoin es la más prominente y lleva la delantera, y tiene preocupada a la banca central de gobiernos en los países industrializados, nos estamos enfrentando a una nueva y desconocida crisis monetaria donde el nivel de interés aplicado al uso del dinero adquirirá nuevo significado, empujado por las ventas futuristas de esta moneda digital en los mercados bursátiles.

Tanto el Banco Central de Canadá, como la Reserva Federal Americana ya han declarado que la cryptomoneda no es una moneda ni un real sustituto monetario.

Pero bajo ese mismo predicamento cuando Richard Nixon, como presidente de Estados Unidos, le sacó arbitrariamente el respaldo de oro a la moneda norteamericana, transformándola en papel solo emitido por la Reserva Federal del gobierno americano ¿no era esta una forma de crear algo tan virtual como las cryptomonedas?

Similar caso es el de Amazon que ha cambiado a través del Internet de manera digital la forma de adquirir artículos suntuarios, llevando a la bancarrota a grandes cadenas comerciales como Sears y cimentando su posición con la última pandemia mundial como el más fuerte eslabón de comercio para los consumidores del sector privilegiado.

¿Podrán las cryptomonedas de igual forma hacer desaparecer a la banca central de los gobiernos?

Los banqueros mundiales están frenéticamente trabajando en el Proyecto Jasper, donde un sistema bancario mundial central respaldaría una moneda digital que por el momento se la ha bautizado como CADcoin.

De pronto han emergido cientos de compañías que utilizando la nueva codificación de *blockchain* se han involucrado en el mercado de las cryptomonedas, que de acuerdo con su creador o creadores, inicialmente llegará a un tope de 21 millones de emisión.

Bitcoin ha penetrado el mercado bursátil futurista y ha creado una reacción especulativa entre inversionistas elevando su valor de los iniciales $700 dólares por un bitcoin hasta llegar a $25,000 dólares afines del 2017 para volver a caer a valores cercanos a los $6500 en el 2018.

Aun está por definirse el uso de las cryptomoneda como forma de transacción comercial a niveles de consumo, lo que mantiene un alto riesgo para los especuladores a futuro.

La nueva codificación blockchain está siendo experimentada por las bancas centrales para crear un sistema global que facilite el movimiento monetario internacional utilizando cryptomoneda.

Pero finalmente son los usuarios de Internet los que mundialmente están definiendo la nueva economía y empujando a la banca establecida a una nueva definición en cómo utilizamos el dinero para nuestras transacciones virtuales.

Sabemos que economías inflacionarias reguladas por los intereses de los bancos centrales, pero no fuera de control, son conductivas a economías expansionistas.

Estas son menos peligrosas que las actividades deflacionarias producidas cuando los gobiernos entran a controlar un mercado marcado por desigualdades en las leyes de oferta y demanda.

En la suma y la resta, como aldea global, estamos condicionados a continuar creando fiscalizaciones burocráticas con fracasos ocasionados por los errores de hoy que se convierten en la historia del pasado, las cuales solo mediante la imposición por los poderes existentes contaran con vigencia en el futuro.

Yo dentro del universo

"El extranjero no solo es el otro, nosotros lo fuimos o lo seremos, ayer o mañana-Tzvetan Todorov

Volvamos al tema de las desigualdades, porque a pesar de que nos sentimos pertenecientes a una comunidad que se autodenomina libre, democrática e igualitaria, donde todos tienen las mismas posibilidades de éxito dentro de un marco de una libertad controlada, una democracia dirigida por instituciones intermedias y una igualdad ficticia, cuando analizamos más a fondo, las sociedades mundiales no practican ninguno de dichos atributos.

El sociólogo profesor José Félix Tezanos a principios de este siglo planteó su inquietud sobre la gran sociedad dividida. En ese entonces explicó que nuestra sociedad basada en un modelo post-industrial consumista tenía profundas grietas divisionales, las que han creado la pobreza en la mayoría de las grandes urbes mundiales.

Los guetos habitados por individuos drogadictos, pobres y desvalidos son barrios demacrados de carácter heterogéneo económico, espiritual y culturalmente. Han sido abandonados en su gran mayoría por las autoridades locales y los empresarios esperando su propia destrucción, creando una división completa de desigualdad entre los adinerados y los pobres.

En lo que podríamos denominar como *la suciedad moderna*, la propaganda política del ideal de libre empresa donde las personas integrantes en dicha sociedad son proporcionalmente recompensadas de acuerdo con sus esfuerzos y habilidades, no es del todo tal.

Podríamos dialogar que el padrón de una sociedad capitalista, liberal y democrática como lo es el imperio estadounidense, aspira a que todos tengan las mismas oportunidades y recursos para que sus esfuerzos personales sean debidamente recompensados sin ningún tipo de discriminación y todos sus habitantes cuenten con el respaldo gubernamental para ser exitosos.

Al menos esos fueron los predicamentos de Abraham Lincoln, John F. Kennedy y Martin Luther King, para mencionar alguno de sus líderes. Y ya sabemos lo que les sucedió a cada uno de ellos.

La Marcha sobre Washington para Trabajo y Libertad que organizó Luther King, fue un símbolo más de la comprensión de este líder que la mejor forma de salir de la suciedad hacia una sociedad moderna era a través de trabajos que tuvieran remuneraciones decentes, las que promoverían mejor salud y educación. Esta era la única forma de llegar a tener realmente una nación que se jacta de ser la más libre e igualitaria del mundo.

Sería muy difícil tratar de convencer al pueblo norteamericano que a pesar de ser la policía mundial de la supuesta democratización de todo el globo utilizando sus principios básicos de capitalismo, en su sociedad existen castas de alto poder que no solo propician las desigualdades, sino que luchan y matan por mantener dichos desequilibrios de poderío.

En la sociedad americana existe la suciedad de la democracia manchada por desigualdades, que están profundamente inyectadas en las venas mismas de los individuos que forman sus propias instituciones de poder para mantener vigentes una marcada discriminación racial incongruente que nada tienen que ver con un sistema democrático basado en el mérito de sus acciones debido a un esfuerzo personal.

Filosóficamente la lucha por este ideal de igualdad y fraternidad es moralmente valioso, pero nunca demostrado por los actos diarios de violencia discriminatoria que suceden unos tras otros dentro de dicha sociedad norteamericana.

No existe una firme posición y demostración para afirmar que el modelo norteamericano de igualdad y democracia es algo digno de ser imitado y que está en el sendero correcto para disminuir la pobreza y ensalzar la meritocracia basada en el esfuerzo personal.

Existen pequeños y aislados ejemplos de actos democráticos e igualitarios. Pero las demostraciones desigualitarias, discriminatorias y de poder de fuerza bruta son avasalladoras en el degollamiento diario de estos principios, con manifestaciones individuales y de grupo de lo que realmente sucede dentro de las fronteras norteamericanas.

En Estados Unidos aún el uno por ciento de los asalariados tiene el control mayor de capital y poderío del total ingreso de los asalariados de esa nación. Durante los dos últimos siglos la clase media y trabajadora se han estancado o disminuido en sus ingresos.

La elección de Donald Trump en el 2016 como Presidente de dicha nación es la manifestación más clara de lo que un mal capitalismo puede traer entre sus redes. Incluso antes de asumir el poder manipuló su nueva fuerza política de ultra derecha impulsando la mentalidad que lo hizo famoso en su programa de televisión, que en la guerra de los negocios no existen rehenes y el ganador se lo lleva todo.

En el otro lado del espectro está el sistema imperialista soviético, el cual es bastante similar al americano, pero con otro enfoque. Esta sociedad comunista está basada también en una compleja estructura de poder entre los que son los líderes del partido y el resto de la población.

Stalin, Mao Tse Tsung y Castro no llegaron al poder por votación popular, sino más bien por fuerza militar imponiendo su liderazgo al resto de sus coterráneos a través de la fuerza, la violencia y matanzas.

La clase media de los sistemas comunistas también ha visto y despertado al hecho que han sido debidamente manipulados en un sistema que solo ha comenzado a funcionar cuando ciertos aspectos capitalistas son introducidos para su mejoramiento.

El único argumento plausible de aspirar a una sociedad de carácter igualitario, es demostrarlo con ejemplos claros de éxito de aquellos pocos individuos que han sido merecidamente recompensados en ambos sistemas debido a sus esfuerzos personales.

Es necesario a este punto distinguir entre sociedad totalitaria, democrática igualitaria u otra democrática oportunista.

Una sociedad totalitaria es gobernada por una dictadura militar o económica del poder, donde no existe ningún lugar para el diálogo y la clase gobernante no está sujeta a ningún tipo de auditoria por fuentes independientes.

La sociedad democrática igualitaria, es una sociedad más liberalista donde el poder gubernamental no es permanente, los gobernantes son representantes directamente elegidos en votaciones populares no contaminadas y están sujetos a escrutinios, auditorias y jurisprudencia independientes del poder político.

La sociedad democrática oportunista, es una sociedad que ha sido diseñada por una clase oligárquica donde los gobernantes son elegidos por votaciones indirectas representativas a través de colegios electorales y otras martingalas que eviten que solo una votación popular determine quienes son los gobernantes. Los gobernantes pasan a ser los representantes de focos de poder que son los que últimamente crean las leyes y jurisprudencia para el mejor funcionamiento social, con ventajas económicas para quienes han contribuido con donaciones a la elección de dichos representantes del pueblo.

Si entendemos por democracia igualitaria a la oportunidad que se puede presentar para la explotación de mercados y recursos por aquellos individuos que logran éxito mercantil en un tiempo y espacio preferente, no existe ninguna duda que el continente americano es el que ofrece en estos momentos las mejores oportunidades individuales globales.

Los indeseados inmigrantes

Ya dialogamos que como individuos no podemos elegir a nuestros padres. Más bien estamos determinados de nacimiento por ellos y el medio ambiente donde nacimos.

Por ello desde los tiempos de las cavernas a los medievales y ahora a la época digital, las aspiraciones a los individuos para movilizarse a lugares de preferencia no han cambiado.

Los miles que están fuera de la caverna, el castillo feudal o la nación primer mundista y próspera, una vez que logran infiltrarse en el sistema que es regentado por los poderíos económicos vigentes, comienzan a propiciar que la entrada de admisión sea minuciosamente controlada a los que aún están en la línea de espera.

En cuanto nos sentimos seguros de que hemos sido aceptados por el nuevo patrón, o simplemente logrado traspasar la garita del inspector de inmigración penetrando legal o ilegalmente, no queremos nuevos competidores.

Solo los que estamos dentro del sistema paradisíaco tenemos derecho a satisfacer las necesidades fisiológicas, seguridad, salud, educación, amor y propia estima hasta lograr nuestra realización de pertenencia, todo logrado por el bienestar económico que mantienen dichas murallas.

El resto de los desvalidos que han quedado afuera deberán seguir sufriendo los desequilibrios financieros locales creados por los abusos corruptivos internos y la fuerza del poder de los imperios económicos que son dueños de los escasos recursos naturales de esa región.

Europa, que fue el centro del expansionismo colonialista, y que por siglos, a través de poderío económico y militar, invadió otros continentes para explotarlos, ahora está experimentado el reverso de dicha corriente con alrededor de 650 millones de inmigrantes en el 2016.

A partir del 2000, los indeseados inmigrantes del medio Oriente y África están en forma masiva invadiendo el continente europeo, tratando de igualar sus vidas con las de los colonizadores de siglos anteriores que vinieron a sus tierras imponiendo un sistema de explotación de sus recursos naturales y riquezas por violencia que aún mantienen.

En las Américas, las desigualdades regionales creadas por la aplicación sistemática del poderío económico, han creado situaciones similares. El caso de Estados Unidos y America Central y del Sur son las más palpables.

La diaria lucha entre las masas populares centroamericanas, ansiosas de vivir en el deseado paraíso del Norte, se ha convertido en una guerra fronteriza donde por un lado el gobierno americano hace la vista gorda a los indeseados inmigrantes campesinos y mano de obra barata necesaria para la cosecha agrícola en el territorio oeste, al mismo tiempo que aplica una fuerza policial brutal para reprimir el ingreso al resto del campesinado una vez que las cuotas han sido copadas.

El dilema de los inmigrantes no es solo el nivel de cuota humana requerida para labores básicas temporales que deben ser cumplidas para mantener los países industrializados operativos. Los inmigrantes traen consigo todo un bagaje cultural que debe ser o aceptado o rechazado por el grueso de la sociedad legalmente residente.

Esto crea una nueva estructura de poder donde los inmigrantes deben aceptar esta nueva sociedad abdicando sus profundas raíces culturales o pasando a ser foco de discriminación y violencia por parte de los regentistas y los que ya se han asimilado al sistema.

Las tensiones raciales y religiosas entran a desempeñar un papel fundamental en la estructura de poder interna de cada país.

Entre los inmigrantes están los que se han desterrado por razones financieras, otros por persecuciones políticas o ideológicas, otros por evitar ser abusados por los terratenientes o dictadores de moda de sus países de origen que los utilizan como peones de sacrificio en guerras sin razón, y finalmente aquellos aventureros deseosos de disfrutar sin fronteras las maravillas de este planeta.

Sea cualquiera la razón, el hecho es que el inmigrante deja de pertenecer al lugar donde nació, no es aceptado en el lugar de inmigración y pasa a ser parte de los que no son ni de ahí, ni son de allá.

Los desterrados, o sin tierra, son más bien individuos que deben sacrificar su individualismo para satisfacer otras necesidades básicas que son de mayor importancia personal.

Pero como en todo cambalache, en este intercambio humano, existe un lado positivo y otro negativo.

Por el lado positivo está la ganancia netamente financiera, la mayor libertad de expresión dentro de un nuevo orden más tolerable, al tanto que por el lado negativo está la pérdida de identidad, el desmembramiento familiar, el derecho a expresarse en su cultura que le ha moldeado la forma de aceptar la vida y el trato humillante por parte de aquellos que sienten una supremacía de poder nacionalista.

Esta ambivalencia pone al individuo en medio de una crisis emocional de proporciones en una constante lucha de continua revisión con sus raíces, su adaptación al nuevo medio ambiente y su comportamiento dentro del mismo.

Algunos tienen dificultad en aprender el nuevo idioma y por ende en comunicarse efectivamente. Las reglas de la sociedad, sus leyes y los sistemas educativos son foráneos y muchas veces incomprensibles.

La generación siguiente de esta familia transplantada, crece con principios y en un idioma que no es el natural al de los padres. Como consecuencia se crea un desmembramiento interno cultural instantáneo, donde aspectos básicos del diario vivir como la forma de vestir y la comida pasan a ser un tópico de disputas familiares acompañados de violencia doméstica.

Por un lado queremos crear una aldea global, pero el contrapunto es que esto tiene que ser de acuerdo con los padrones establecidos por los países industrializados, los cuales por su poderío económico se sienten con el derecho de imponer todos sus buenos y malos residuos culturales al resto de la aldea mundial.

Volvemos al círculo vicioso de las disputas, de lo que es aceptable o lo que debemos rechazar.

Los inmigrantes son un mal necesario para los países industrializados, que en su crecimiento ilimitado han establecido una cultura donde la familia se ha disminuido y para su crecimiento deben depender en estos sucios, mal agradecidos e indeseados inmigrantes que están dispuestos a realizar las labores domésticas básicas, servir en restoranes y recoger la basura antes de poder incorporarse a esta nueva sociedad moderna.

Este es un pensamiento feudal que solo promueve una discriminación instantánea y hace florecer el proteccionismo absurdo e irracional, donde cada individuo en su desesperación interna se resguarda en sus murallas de rencor y odio contra los nuevos inmigrantes, quienes adquieren el status de los modernos esclavos al servicio de sus nuevos amos.

El sueño del paraíso terrenal para millones de inmigrantes se transforma así en la pesadilla del infierno de Dante, donde el nuevo mundo con su nuevo orden de cosas deja su perfección superficial para convertirse en la verdadera tierra inhóspita y desalmada, que termina por tragárselos con su voraz mandíbula gigante de desmedida codicia mezclada con sabores cancerosos de abuso del medio ambiente.

Pero esto es un pago positivo para los que logran sobrevivir en el viaje migratorio, por cuanto muchos de ellos mueren en su intento por mejorar su diario vivir.

Durante el 2015 los inmigrantes sirios hicieron noticia.

Millones de personas arrancando de la anarquía y el caos producido por guerras civiles internas y bombardeos externos en busca de un lugar seguro y pacifico donde poder continuar sus vidas.

Canadá fue uno de los países que abrió sus puertas para inicialmente recibir a 25,000 sirios. Pero las complicaciones comenzaron con los actos terroristas de Paris, los que demostraron que algunos de estos inmigrantes pertenecían a grupos extremistas que solo deseaban infiltrarse en los países industrializados con propósitos terroristas.

Luego el tema se profundizó cuando al iniciarse el proceso de selección, los primeros 1800 entrevistados demostraron su preferencia por permanecer en Europa en un lugar más cercano a Siria, con la esperanza de poder regresar a su tierra una vez que la situación político-religiosa se calmara y así lo permitiera.

Los problemas de los inmigrantes no son recientes.

En 1916 una comunidad de 19,000 personas de origen germánico que se había establecido en la provincia de Ontario, Canadá a partir de 1833, dejó de pertenecer al país que los había recibido.

La ejemplar y próspera ciudad de Berlin, Ontario, dejó de existir y pasó en 24 horas a llamarse Kitchener, cuando un grupo de discriminantes patriotas canadienses los obligó a renunciar a su identidad y cultura germánica a través de actos de intimidación y aceptación de un nuevo nacionalismo impuesto a la fuerza.

Por ello dada las condiciones normales de vida con un futuro donde las necesidades básicas son fácilmente alcanzadas permitiendo el desarrollo de cada individuo, los deseos de inmigrar a otras latitudes dejan de ser una primordial motivación o deseo.

Dejar el lugar que es considerado como el hogar para aventurarse a la incorporación y aceptación por una cultura y sociedad que son totalmente extrañas y muchas veces hostil, se convierte en una pesadilla en lugar de una esperanza.

La fuerza de los actos de discriminación debido a la carencia de tolerancia y la ignorancia sobre culturas y dogmas ajenos es poderosa, y se impone por sobre la razón de que lo distinto y lo multicultural es algo bueno que nos puede convertir a todos en una aldea global progresista y de mejor vivir en un real ambiente de paz.

Los medios de comunicación y las redes sociales están empecinados en que seamos todos iguales y participemos de una pacífica y gran aldea global.

Esta visión es algo de miopía al considerar que lo primero que tratamos de hacer al adquirir una propiedad para habitarla con nuestras familias, es la de crear cercos y muros que nos separen inmediatamente de nuestros vecinos a los cuales difícilmente llegamos a conocer con sus costumbres o antepasados.

Mientras que los colonialistas se imponen por la fuerza y la esperanza que mejoren las condiciones de vida de los débiles nativos, los inmigrantes son un lastre social que las sociedades más avanzadas toleran mientras les produzca una ventaja económica.

Los inmigrantes aceptan ser discriminados, porque por un lado la carencia del idioma los mantiene marginados del resto de la nueva sociedad desde un principio, y por el otro lado no tienen nada que perder y todo que ganar en materia financiera.

Cuando globalmente contamos con 60 millones de personas siendo consideradas indeseables inmigrantes y controladas en verdaderos campos de concentración denominados como asilo de refugiados, el planeta tiene un problema serio en cuanto a la manera que la distribución de sus recursos naturales está siendo explotada por una minoritaria porción de sus habitantes.

El problema migratorio se solucionará en el mismo instante en que un sistema proporcional de calidad de vida universal sea global.

Nuestras vidas son moldeadas por las distintas oportunidades que presentan las circunstancias que alimentan nuestras realidades. Son estas oportunidades las que forjan nuestras vidas y las llenan de esperanzas e ilusiones que en algún momento se transforman en realidades permanentes.

Los inmigrantes, y me incluyo en ellos, somos en general el producto de condiciones humanas que se han tornado peligrosas, miserables o de circunstancias familiares intolerantes en nuestro lugar de origen que pasan a ser inaceptables y más fuertes que el amor por nuestras familias, amigos de la infancia y cultura.

Es este el gatillo que dispara la fuerza de salir y escapar hacia otro lugar, que aunque aún por comprobar, se manifiesta como una suprema y mejor alternativa. Por ende aunque el sacrificio realizado tiene el consabido costo de un cambalache entre nuestro mundo propio que ya no es ni va a ser el propio, y aquel otro que ofrece una perspectiva de mejor calidad de vida, procedemos sin titubeo a abandonar, y en el proceso divorciarnos para siempre, del medio que nos vió nacer y crecer.

Nuestros hijos y nietos ya no serán parte de esa familia que quedo atrás. El sentimiento de abandono producirá una trizadura permanente de proporciones gigantescas e irreconciliables a nivel familiar.

Es una durisima decisión la de abandonar la familia, los amigos, la cultura, el idioma y la herencia.

Pero la brutal realidad es más poderosa que aquel fuerte vínculo de nacimiento que nos llegó por circunstancias del azar y que voluntariamente rompemos y optamos por un mundo extraño, que sabemos tiene pruebas irrefutables de realidades que están rebalsadas de oportunidades y positivas esperanzas de mejoramiento en la calidad de vida.

Al partir morimos un poco, solía decir mi madre, pero la alternativa de permanecer en un mundo que nos asfixia a diario no es mejor cuando podemos morir moral, espiritual y algunas veces físicamente en forma permanente.

Esto pareciera ser una alegoría más bien simbólica y nostálgica en lugar de la realidad.

Como humanos vivimos la gran parte de nuestra existencia en medio de una nostalgia catatónica y permanente.

Fabricamos una realidad del pasado que es noventa y cinco por ciento fantasía y cinco por ciento realidad.

Esta nostalgia, al no ser superada por el inmigrante primerizo, se transforma en un melodrama psicótico.

Para esta dolencia del espíritu no hay posible curación, solo un paliativo remedio de algún día no muy lejano volver a reencontrarnos con ese espejismo nostálgico creado por nuestra mente, el que nos ayudará a justificar y reconciliarnos con el abandono que hemos perpetrado.

Y así nos convertimos en eternos guardianes de aquellos instantes y lugares del pasado que nunca realmente existieron más que en nuestra imaginación. Estos recuerdos son los que deseamos que hubieran sido reales ya que aferrados a ellos podemos continuar existiendo.

Todos sufrimos por igual la nostalgia del inmigrante, por cuanto de una u otra forma, universalmente somos todos viajeros que en algún instante hemos abandonado el nido protector en busca de nuestra propia identidad.

La cultura de "los buenos viejos tiempos" es tan solo una mentira que nos sirve para aferrarnos a una historia de grandeza que es una mágica realidad o un espejismo.

Los políticos demagogos modernos todos explotan esta nostalgia ofreciendo a las clases populares este retorno "a aquellos tiempos en que nuestra nación fue grande y progresista", y despreciando a los nuevos primerizos inmigrantes, casta a la cual todos pertenecemos.

Las historias de estas masivas inmigraciones hacia Europa y Norteamérica con la espera de intentar ubicarse en los países más prósperos continuarán por años a seguir mostrando el drama individual de millones de seres humanos desposeídos de sus culturas, pertenencias y de su lugar de origen.

El caos y el universo

"Es un pequeño paso para un hombre, pero un gran salto para la humanidad."
Neil Armstrong

Hemos experimentado en nuestra generación la formación de galaxias en el universo, viendo explotar supernovas para formar sistemas similares al nuestro. Si sabemos que nuestra galaxia es una de un millón de las cuales tenemos conocimiento, ¿cómo podemos seguir siendo tan ingenuos en pensar que somos los únicos poseedores de proteínas y aminoácidos en este infinito universo que nos han permitido desarrollarnos a nuestra presente forma de vida con un cerebro que ha creado una sociedad tan disfuncional como en la que nos desarrollamos?

Sabemos que este planeta que gira alrededor del sol, que nos da la energía para existir, está por el momento en un perfecto balance, tan perfecto que con una descuidada pequeña variación puede desaparecer en la misma forma como se creó.

La fragilidad de este planeta con su forma de flora y fauna es un balance tan perfecto en su superficie, que en su más íntima estructura es dependiente de trillonesimas de probabilidades que le permiten sustentar su presente forma.

Así como en la antigüedad construimos naves para agrandar el lugar de habitación en otras partes del planeta al ver que la tierra en que vivíamos aceleradamente se nos achicaba, sabemos que este plantea con la medida de crecimiento vigente también se nos hará estrecho.

Por ello hemos iniciado una carrera espacial destinada nuevamente a agrandar el campo de juego para poder tener otras fuentes de sustentación que nos permitan continuar con nuestra expansión humana de procreación sin límites.

Hemos puesto un hombre en la luna, y una estación espacial que órbita nuestro planeta con astronautas realizando experimentos espaciales y vigilando el universo conocido.

Sin embargo, aún tenemos mucho que solucionar en la forma como estamos utilizando nuestros limitados recursos en este planeta.

Hasta el momento estamos atrapados en esta tierra donde solo un mero 2 por ciento de la población vive en el paraíso con el mandato de contener al 98 por ciento restante fuera de las murallas feudales de las naciones desarrolladas tratando de sobrevivir con poco éxito en lugares que se han transformado en el mismo infierno.

Para mantención de la raza humana, hemos creado herramientas y armamentos necesarios para dominar y oprimir a este gran contingente de indeseados.

Dentro de las pirámides del poder aún mantenemos monarquías, dictaduras, tiranías y democracias oportunistas.

En cada uno de estos sistemas de gobierno, nosotros como individuos participamos en su subsistencia y mantención.

Si tenemos la gran ventaja de estar dentro del 2 por ciento que vive en la abundancia, también tenemos que reconocer que al menos la mitad o 50% vivimos con algún grado de estupidez o adormecimiento intelectual.

Es decir, que sin ninguna duda moral o ética aceptamos sin más preguntas en nombre de políticas, dogmas o "ismos" (como patriotismo, terrorismo, sionismo, fascismo, espiritualismo, idealismo, capitalismo, comunismo, liberalismo, etc.) el objetivo fundamental de mantener por la impuesta democracia o guerra, el status quo del poder.

Caso contrario estamos cometiendo nuestro propio suicidio del paraíso en el cual estamos transitoria y ciegamente disfrutando.

Por definición sabemos que *ismos* son todas aquellas cosas con una tendencia de orientación innovadora.

De tal manera si estamos ensalzando el *patriot-ismo*, nuestras acciones van a estar dirigidas a protegernos e innovarnos con el propósito de defender la patria y su presente forma de vida.

En el otro extremo el *terror-ismo* viene a ser una doctrina o una secta que tiene como objetivo principal el de desestabilizar el nuevo mundo de progreso y utilizar la condición de terror para aniquilar a este club exclusivo de acceso limitado, al cual hay que destruir por la fuerza para igualarlo.

En ambos casos estas pueden convertirse en herramientas del poder para a través de propaganda dirigida manejar a las masas populares ensalzando el patriotismo para protegernos del terrorismo, o vendernos el terrorismo como una solución a la inmoralidad del lucro y el consumismo.

Nuestra aceptación incondicional a las pirámides actuales de poder están basadas en el principio que por nuestra comodidad y seguridad preferimos mantenernos dentro del 2 por ciento entregando nuestra protección a la autoridad existente, sin hacer ninguna pregunta sobre los *ismos*, los cuales son considerados como anti-*ismos*.

Al caducar nuestros derechos de interrogación, cedemos nuestros mandatos a los líderes por la aceptación e inclusión en los círculos inmediatos de la abundancia, y caducamos sin preguntas nuestra versión de la verdad y libertad de pensamiento sometiéndola ciegamente a la voluntad de la autoridad soberana existente.

Es por ello que los valores éticos y morales en nuestras vidas tienden a ser flexibles, cambiantes y muchas veces equivocados.

Pensamos en lo material, y nos despreocupamos de la familia y sus aspectos fundamentales.

Nos concentramos en las economías de capital, al tanto que abandonamos las economías sociales, espirituales o las del medio ambiente.

Le damos supremo valor al mercado de capitales, porque sus efectos repercuten en nuestras vidas diarias, pero no tenemos tiempo ni deseo de evaluar el impacto en el 98 por ciento de la población mundial fuera de la esfera de nuestra vida paradisíaca, quienes viven en el mismo infierno para que podamos satisfacer nuestra insaciable sed consumidora.

El pensamiento cuántico nos ha dado una distinta dimensión de nuestro espacio en el universo y nos explica que cómo a través de dos tipos de situaciones caóticas: una externa y otra interna, hemos llegado a formar la presente sociedad de homosapiens.

El caos externo existe en el universo y está en constante movimiento, al tanto que el interno es el que por nuestros sentidos podemos percibir.

El ser humano ha desarrollado la capacidad de reconocer los caos internos más poderosos e intervenir en su transformación, logrando hacerlos cohabitar en armonía en su mismo espacio físico de materia y energía.

En el reconocimiento de la enorme fuerza del caos y su poder, destructivo hemos creado ingeniosos sistemas para neutralizar y transformar la materia y energía en instancias útiles al servicio del homosapiens.

Por ello el ser humano en este universo parece estar destinado a continuos renacimientos y engrandecimientos, desde el caos para su propio resurgimiento desde los escombros de la destrucción a un entendimiento de su realidad y verdadera función en este planeta.

Pensamos que a través de la destrucción masiva y de entre los escombros de un caos indescriptible, nuestra humanidad volverá a florecer incluso más robusta de lo que fue con anterioridad.

Y de esta forma justificamos matanzas y genocidios.

La realidad es que la humanidad en cada uno de sus conflictos masivos ha retrocedido en lugar de avanzar.

¿Sabemos acaso a cuantos Mozart, Einstein, Livingston, Darwin, Galileo, Sócrates, Yupanki, Newton, Martin Luther hemos exterminado sin darles oportunidades a mostrarnos su genialidad?

En materia cosmológica pensamos que el universo y su organización evolucionó de una forma inicial del caos, y por ende debemos continuar en esa forma de confusión y desorden para reorganizarnos en forma más ingeniosa.

Filosóficamente pensamos que este estado de caos fue organizado por algún ser superior que nos ha alumbrado enseñándonos el camino del orden.

La Biblia nos describe que *al principio existió el caos, después la Tierra de amplio seno, base eterna e inquebrantable de todas las cosas hasta producir el hombre y su amor.*

Pero ahora estamos conscientes de que cuando la autoridad o los ciudadanos se apartan del orden jurídico establecido a través de las leyes de sentido común, va a sobrevenir el caos y una dictadura civil o militar. Y eso lo debemos evitar como la plaga.

A nivel individual debemos continuar en la búsqueda de nuestro propósito de vida.

Inconformismo es uno de los temas centrales de nuestro dilema existencial.

Los expertos mantienen que el inconformismo es algo típico de la juventud, sobretodo de la generación de los milenios.

Sin embargo, este sentimiento ha estado presente desde principios de la humanidad y sin distinción de una raza o edad especifica.

Por cuanto por naturaleza de por vida somos competitivos, llenos de prejuicios en la formación de opiniones y practicamos avanzadas interpretaciones en todo tipo de materia sin bases de fundamento, es que gradualmente creamos en nuestro subconsciente un mundo irreal e inalcanzable.

Esto se traduce en un inconformismo acumulativo por ser diferentes y no iguales, de intentar alcanzar metas inalcanzables, lo que nos hace batallar durante nuestras vidas sobre cuál es la verdad detrás de nuestra presencia en este mundo y el porqué nacemos con distintas aptitudes, oportunidades y formaciones.

Es este inconformismo el que nos ha llevado a crear grupos, cultos, religiones, filosofías y políticas destinadas a darnos un pacificador para nuestro inconformismo existencial que nos ataca a diario en los momentos más inesperados.

Nos preguntamos de por vida el porqué existe la realeza, los plebeyos, los desvalidos, la esclavitud, los criminales y los genios de este planeta.

¿Quien es el responsable de estas diferencias y de estas desigualdades?.

Si miramos alrededor nuestro en el propio reino animal en las distintas especies tales diferencias existen en igual forma.

¿Son estas productos de un selector universal que agrupa a cada animal nacido desde su cuna hasta su destino final?.

¿O será posible que esto es solo producto del azar el cual al hacernos conscientes de nuestras desigualdades y diferencias nos hacen inconformistas e interrogantes de preguntas que hasta el momento no tienen una respuesta universal?.

¿Fue el pordiosero elegido a ser miserable de por vida?.

¿Fue el desvalido elegido a ser un discapacitado de por vida?.

¿Fue el criminal elegido a ser un asesino de por vida?

...y así sucesivamente.

¿O son todos un producto aleatorio, acumulativo y evolutivo de nuestro medio ambiente a través de sus genéticas y mutaciones por generaciones?.

Existen posibilidades de cambio que hemos creado para estas diferencias y que permiten la readaptación y elevamiento en el escalafón humano de algunos desajustados sociales, discapacitados, pobres de cuna y desvalidos de este planeta. Algunas de estas normas son efectivas y otras son contraproducentes.

Continuamente como sociedad intentamos equilibrar la balanza de las desigualdades e ingenuamente tratamos de convencernos que con caridad y buenas intenciones lograremos ser todos iguales en lugar de pensar que dichas diferencias son las que nos hacen superiores dentro de la sociedad terrenal que hemos creado.

Queremos uniformidad la cual solo genera un inconformismo demencial con más odio y más intolerancia, en lugar de promover los básicos valores humanos con un respeto mutuo y sin transgresión a los derechos de otros en la escala social para el mantenimiento de sus necesidades básicas.

Individualmente estamos cargados de energías positivas y negativas.

Al enfrentarnos con nuestro inconformismo, podemos utilizar cualquiera de estas energías o una combinación de ambas.

Es su aplicación lo que nos permite realizar acciones increíbles en el alcance de metas que a veces rayan dentro de lo inimaginable, o nuestra propia destrucción por ser tan idiotas que no tienen lógica alguna ni aceptación.

Algunos líderes mundiales han expresado estas ambivalencias del comportamiento humano y su implicancia en la sociedad moderna.

He aquí algo enunciado en el año 1971 por el entonces Primer Ministro de Canadá, Pierre Trudeau, en una reunión Ucraniana-Canadiense en relación a la uniformidad que sólo crea intolerancia y odio:

Uniformidad no es ni deseable ni posible en un país del tamaño de Canadá. No debiéramos ni siquiera estar de acuerdo en el tipo de Canadiense para elegir como tal modelo, menos aún tratar de persuadir a todos para imitarlo. Hay pocas políticas potencialmente más desastrosas para Canadá que decirle a todos los Canadienses que debemos parecernos. No existe tal modelo o el de un Canadiense ideal. Qué sería más absurdo que un perfecto niño o niña Canadiense. Una sociedad que promueve uniformidad es una que crea intolerancia y odio. Una sociedad que elogia al ciudadano común es una que alimenta la mediocridad. Lo que el mundo debe aspirar, y lo que en Canadá debemos continuar ensalzando, no son conceptos de uniformidad sino de valores humanos: compasión, amor y entendimiento.

Primer Ministro de Canadá, Pierre Trudeau (Congreso Ucraniano Canadiense, Octubre 9, 1971)[1]

---

[1] Texto en ingles de Pierre E. Trudeau: Uniformity is neither desirable nor possible in a country the size of Canada. We should not even be able to agree upon the kind of Canadian to choose as a model, let alone persuade most people to emulate it. There are few policies potentially more disastrous for Canada than to tell all Canadians that they must be alike. There is no such thing as a model or ideal Canadian. What could be more absurd than the concept of an "all-Canadian" boy or girl? A society which emphasizes uniformity is one which creates intolerance and hate. A society which eulogizes the average citizen is one which breeds mediocrity. What the world should be seeking, and what in Canada we must continue to cherish, are not concepts of uniformity but human values: compassion, love and understanding.

La verdad y el nuevo orden del mundo

"Cuando los que mandan pierden la verguenza, los que obedecen pierden el respeto"- Georg C. Lichtenberg

El tópico de la verdad tiene múltiples ensayos, libros e interpretaciones.

¿Quién dice la verdad? ¿El Presidente de Estados Unidos Donald Trump al enunciar que el calentamiento global es invención China, o los científicos que mantienen que es el producto de la polución creada por los países industrializados?

En español la enciclopedia Espasa tiene a lo menos 6 definiciones, al tanto que en inglés el diccionario Webster's tiene otra media docena.

De ahí que Moisés en su peregrinaje con el pueblo Hebreo desde Egipto hacia donde ahora conocemos como Medio Oriente, puso dentro de sus Diez Mandamientos el noveno diciendo claramente que "No levantaras falsos testimonios contra tus vecinos".

Cada individuo tiene problemas serios cuando se trata de decir o enfrentar lo que denominamos como la verdad.

Eso se debe principalmente a que-incluyendo tópicos que no son netamente científicos-la verdad adquiere múltiples matices de acuerdo con la interpretación que le damos.

Por ejemplo: ¿Cuál es la verdadera escala de valores que cada individuo debiera tener como padrón de vida?

Una verdadera escala debiera envolver sinceridad, candor y franqueza.

Sin embargo, estos tres elementos vitales para la buena convivencia son complejos y en muchas ocasiones se contradicen con la verdad, empujándonos a diario a utilizar y aceptar lo que hemos venido a denominar en la sociedad moderna como *mentiras piadosas* o *mentiras blancas*.

Este comportamiento no era ajeno a Moisés.

Los Diez Mandamientos fueron su guía fundamental de convivencia en grupo. Por ende, estos reglamentos de comportamiento son realmente los parámetros lógicos del sentido común de cómo nos tenemos que relacionar entre individuos, familia y comunidad cuando nos agrupamos para formar una sociedad.

Cuando Moisés, con ayuda Divina-si así lo creemos-escribió estas tablas, fue con el propósito de tener ciertas reglas de ética comunitaria para que la masa hebrea que lo seguía continuara en su peregrinaje hacia su propio paraíso sin autodestruirse.

La partida del peregrinaje global moderno debiera ser en cómo actuamos en relación con dichas leyes establecidas y cómo nos expresamos cuando las transgredimos sin temor a las consecuencias que dichas verdades nos puedan traer.

Pero aquí nuevamente nos enfrentamos con otro tópico de dificultad en nuestra vida comunitaria. Esto es el difícil tópico de la definición de verdad.

He aquí siete versiones de las múltiples interpretaciones de la verdad:

(1) La verdad es atenerse a los hechos;

(2) La verdad es la aserción sincera de un enunciado;

(3) La verdad es la verificación de la interpretación precisa de un hecho;

(4) La verdad es la identificación de un enunciado;

(5) La verdad es la conformidad de las cosas con el concepto que de ellas forma la mente;

(6) La verdad es el juicio o la proposición que no se puede negar lógicamente;

(7) La verdad es una propiedad que tienen las cosas de mantenerse iguales sin mutación alguna.

Estas son siete posibilidades que nos dan cabida para distintas interpretaciones de la verdad, a la vez de la dificultad de saber que realmente es la verdad y aceptarla.

Si insertamos estas variaciones dentro de una tabla comparando a un sujeto con su respectivo adjetivo en verdadero o falso, tendremos 16 diferentes permutaciones entre lo que es verdadero y lo que es falso, o lo que es mitad verdad y mitad falso.

De tal manera que la verdad tiene tantos diferentes matices que puede ser una media verdad y otra media mentira piadosa que nos permite salvar nuestra dignidad en un momento preciso, y en el caso de empresarios y políticos, sus respectivas carreras.

Dentro del nuevo orden del mundo, que continuamente reinventamos como la más absoluta de las verdades, están los siguientes enunciados básicos que todo político o empresario en cualquier lugar del mundo los verbaliza y que realmente debieran practicar y ponerlos como su meta individual a lograr:

1) Eliminación de la pobreza mundial mediante un ingreso mínimo para cada individuo;
2) Salud universal con acceso para cada individuo a medicina y dentística básica;
3) Acceso a una digna vivienda dentro de los medios de ingreso individual;
4) Acceso igualitario a educación universal tanto escolar como universitaria;
5) Cuidado parvulario para soporte familiar en la parte laboral;
6) Eliminación o control jurídico de la Digna Rabia causante de crímenes individuales y colectivos;
7) Protección del medio ambiente;
8) Transparencia y responsabilidad de los líderes; y
9) Eliminación del matonaje a partir del individuo.

Analicemos brevemente a continuación, a partir de los países del G7, o los más industrializados, de cómo enfrentamos estas siete verdades.

Pobreza mundial

A menudo se están realizando conciertos a beneficio con el fin de eliminar la pobreza donde actúan grandes artistas mundiales, quienes individualmente llenan estadios con recaudaciones millonarias. De estos conciertos actualmente hay uno cada seis meses en alguna parte del mundo. Sin embargo, nuestro progreso para la eliminación de la pobreza continúa estática.

Para hablar de pobreza debemos entender primero qué catalogamos como pobreza.

Existen dos maneras de definirlo: la primera a través de pautas económicas de pobreza basada en mediciones estrictamente de ingresos; y segundo otorgando distintas propiedades a umbrales de pobreza basada en mediciones generalmente dictadas por los gobiernos. Para determinar un escalafón de dónde los individuos pasan a constituirse en pobres, podemos decir que es cuando no tienen los medios suficientes para poder obtener el mínimo de comida y satisfacción de neccsidades básicas, como vivienda y salud.

Las estadísticas generales están primordialmente dictadas por estos escalafones.

En India, uno de los países con mayor pobreza mundial, la definición del gobierno sobre la pobreza está basada en la cantidad de calorías que el cuerpo humano necesita a diario para sobrevivir, y los elementos que tiene cada persona para lograr dichas calorías.

Pero cualquiera sea la definición de pobreza, cuando vemos pobreza y la podemos oler, sabemos que esta existe tanto en los países industrializados o del primer mundo como los del tercer mundo.

Canadá es uno de los países miembros del G7, sin embargo, en el 2015 se estimó que 4.8 millones de canadienses vivían en la pobreza. La pobreza entre los miembros de la Tercera Edad en este país industrializado y dominante en la minería y producción petrolera mundial, se ha incrementado en los últimos diez años y es 3 veces superior a lo que era en 1995. Con un clima extremo los niveles altos de mortalidad por falta de vivienda o abrigo durante los crudos días de invierno son anualmente un tema de discusión política sin solución que se vislumbre.

Estados Unidos no lo hace tanto mejor. ¿Cómo podemos explicar que el país más consumista del mundo tenga casi un millón de personas viviendo en la calle a la intemperie? California es el estado con mayor pobreza en la Unión con casi un 24% de su población al borde de la sobrevivencia. El estado tiene un total de casi 40 millones de habitantes con un ingreso promedio de 61,000 dólares anuales, donde alrededor de 10 millones viven en poblaciones marginales plagadas por la drogadicción y condiciones inhumanas de vivienda. Y este es el paraíso al cual los centroamericanos y mexicanos exponen a diario sus vidas para ingresar. Estados Unidos, el país con más alimento almacenado del mundo, tiene a gente en la calle muriendo de hambre y frío.

Las estadísticas de pobreza mundial y la diaria mortalidad infantil por falta de alimento, han pasado a un plano de indiferencia total por parte de los líderes mundiales.

A pesar de una economía global comprimida, el número de millonarios en el mundo se expande en forma paulatina y proporcionalmente menor a la expansión de la pobreza. Los millonarios, de acuerdo con estadísticas del Banco Credit Suisse, representan mundialmente solo un 0.7 por ciento de la población, pero acaparan el 45.6 por ciento de la riqueza mundial. ¿Cuál es el país dominante en estos números? Estados Unidos con 13.5 millones de personas cuyos ingresos superan un millón de dólares americanos. Le siguen a una gran distancia Japón, Gran Bretaña, Alemania, China, Italia, Canadá, Australia, Suiza, Corea del Sur, Taiwán, Bélgica, Noruega, Brazil, Nueva Zelanda, Indonesia, Irlanda, México, Rusia y Argentina. El Club de millonarios mundial en estos momentos cuenta con 33 millones de socios.

Vivienda para los desamparados

Desde comienzos de la guerra contra el terrorismo, a partir del 11 de septiembre del 2001 cuando las torres gemelas de Nueva York fueron destruidas, Estados Unidos ha gastado aproximadamente dos trillones de dólares en su guerra contra los musulmanes extremistas. El costo de las guerras contra Irak y Afganistán entre el 2001 al 2010 fueron alrededor de 1.2 billones de dólares.

Si le sumamos a esto el gasto del resto de los aliados y Rusia, mundialmente sobrepasamos los tres trillones de dólares invertidos en armas y elementos de destrucción masiva.

El máximo de asistencia a desamparados en vivienda para una familia de 4 personas en Canadá es de 886 dólares canadienses mensuales y hay más de 200,000 que viven en la calle.

En Estados Unidos dicha asistencia en cada estado de la Unión es de un promedio de 3800 dólares americanos por familia. En el 2010 había 7 millones de americanos sin techo o vivienda.

La India tiene alrededor de 78 millones sin techo, incluyendo 11 millones de niños que viven en la calle.

En Ciudad de México hay 30 mil personas viviendo en la calle.

En Tokio 5000.

En Gran Bretaña hay más de 100 mil británicos viviendo a la intemperie.

En Hong Kong hay más de 100 mil chinos viviendo hasta en los techos de las casas.

En Israel hay más de 3000 personas viviendo en la calle.

Mundialmente la cifra de personas sin vivienda en estos instantes se estima en más de 100 millones de personas, es decir casi un tercio de toda la población de Estados Unidos vive en la calle. Estas cifras suben por sobre los 1000 millones cuando se incluyen todas aquellas personas que son transeúntes de lugares, y que temporalmente viven en condiciones de inseguridad o acomodaciones ilegales ocupando terrenos donde continuamente son movidos como los campos de refugiados.

Las causas sobre este desastre mundial son variadas, pero finalmente se basan en dos: pobreza y desempleo.

No hay país en el mundo en un día cualquiera que no tenga desamparados viviendo en forma de cavernaria, botados en las calles de las grandes urbes o viviendo primitivamente en la selva con los animales.

Estas estadísticas nos gritan a todos que somos un grupo de irresponsables en lo que se refiere a la dignidad humana, sobre todo cuando pensamos que en lugar de tratar de solucionar el problema a millones de personas desamparadas, gastamos cerca de 3 trillones de dólares (al valor del 2015), para matarnos. Es decir, que el esfuerzo está en la creación, fabricación y empleo de armas supuestamente destinadas a protegernos, pero que en realidad son utilizadas en destrucciones masivas en lugar de tratar de realmente solucionar el problema de vivienda para los desamparados.

El presupuesto para el 2014 al 2017 de la Unicef en todos sus programas de ayuda infantil es de $14.8 billones de dólares.

La Unicef no tiene como meta proteger el petróleo en el Medio Oriente o las plantaciones de amapola en Afganistán, necesarias para la fabricación de opios y estupefacientes requeridos por la industria farmacológica de los países industrializados y también para el tráfico de la heroína.

Los pobres no tienen representación política, ni el sustento de corporaciones.

Los urbanizadores están interesados no en soluciones habitacionales sino en ver cuál es el valor de las viviendas y de la tierra destinada a la construcción para que el negocio remunere.

Aquellos que tienen la suerte de poder ser partícipes de este sistema, ven crecer sus inversiones, al tanto que el resto vive de la esperanza en poder llegar algún día a ser el propietario de su hogar.

El problema de la vivienda no está solo en los desamparados que viven en la calle.

También están aquellos millones de individuos que viven en poblaciones marginales, muchas de ellas explotadas por antros criminales que los utilizan para establecer su propio principado de la esclavitud humana.

Los gobiernos deben tener planes para crear como mínimo una seguridad ciudadana, desarrollando una infraestructura básica de transporte, agua potable, sanidad, educación y electricidad para todos.

Al mismo tiempo deben crear y promover políticas para que los inversionistas en la construcción de viviendas, dediquen un porcentaje fijo de arriendo que esté al alcance de todos en comunidades integradas y no marginadas.

Los programas de integración deben ser bien recibidos por toda la comunidad, por cuanto la marginalidad urbanista crea guetos con los problemas sociales y de criminalidad conocidos.

El artículo 25 de la Declaración de los Derechos Humanos, escrita hace más de medio siglo manifestó que *"Todo ser humano tiene el derecho a un estilo de vida adecuado que le permita salud y bienestar para toda la familia, incluyendo alimento, vestimenta, vivienda y cuidado médico, así mismo como todos los servicios sociales necesarios para una vida digna".*

Al parecer aún estamos tratando de aprender a cómo implementar algo que tan fácilmente escribimos en el papel.

El hogar es la base misma de la futura sociedad, y debe ser un bastión de seguridad para todo ser humano. Esta es una proposición más importante que la de mantener guerras para el beneficio de unos pocos inescrupulosos y avaros ególatras.

Educación sin límites

Si preguntamos a cualquier Presidente de empresa: ¿Cuál es el mejor recurso de su empresa? Sin titubear, le responderá, los recursos humanos.

Toda empresa multinacional que está en la cúspide de su clase tiene refranes estampados en cada oficina ejecutiva donde se alaba el hecho de que dicha empresa tiene como cimiento fundamental a cada uno de sus empleados.

Los recursos humanos deben haber sido debidamente educados y tener las habilidades que son requisito fundamental para que la empresa continúe creciendo.

La razón por la cual hemos avanzado saliendo de las cavernas para lograr construir aldeas, caminos y ciudades monumentales, es debido a la habilidad que tenemos de trasmitir los conocimientos de una generación a la otra.

La palabra educación proviene del latín educo cuyo significado es *e* =sacar y ***duco***=dirigir o conducir, es decir el modo de extraer conocimiento personal con el fin de conducir o dirigir a la otra persona hacia el mismo nivel de conocimiento de su maestro.

Este ha sido el método de aprendizaje que hemos utilizado desde tiempos remotos. Por ende la educación de cada individuo se ha transformado en el cimiento de prosperidad en nuestra sociedad.

No obstante, existen distintos tipos de educación.

Esta primeramente la educación familiar, seguida por las más estructuradas como lo son parvulario, primaria, básica, secundaria y universitaria.

Se han escrito ensayos, libros y tratados sobre la educación.

Todos los gobiernos conocen la importancia del método educativo.

En la actualidad el debate educativo es no solo en la tabla de conocimientos que el individuo adquirirá en su paso por las distintas etapas de su crecimiento de acuerdo con sus habilidades, sino en el acceso a todos estos escalafones desde un punto de vista financiero.

Sabemos que los cimientos de la sociedad moderna están basados en los niveles educativos de las masas populares, por cuanto aquellos niveles son los verdaderos motores del crecimiento económico y de la prosperidad de la sociedad en su calidad de vida.

Pero aquí nuevamente está el dilema entre una educación sin límites y los ingresos de la familia, por cuanto conocedor del postulado anterior, el individuo prospera económicamente más o menos de acuerdo con el nivel educativo logrado.

Esto ha transformado la educación en un negocio de lucro en el cual los gobiernos por un lado crean recursos para fomentarla gratuitamente, compitiendo con un sistema paralelo de educación privada o pagada, que con recursos a un nivel superior, provoca una desigualdad instantánea en la capacitación adquirida por los que tienen el dinero para comprar dichos servicios.

Si la sociedad ideal va estar basada en un sistema netamente meritorio, el acceso a los distintos niveles de educación debiera estar basado exclusivamente en la capacidad intelectual y ser de idéntica calidad independiente del estado financiero de cada postulante o de la situación financiera de una nación.

La importancia de un diploma de una universidad de país industrializado contra otro de un país tercer mundista debiera entonces ser el mismo. Pero en la actualidad podemos fácilmente medir el nivel de discrepancia que existe entre cada egresado a su entrada en el campo laboral mundial, traducido en la aceptación de sus credenciales y la remuneración inicial que obtendrá.

Para lograr una educación sin límites hay que equilibrar la balanza en todos los campos educativos del mundo para de esta forma tener una inicial entrada a la aldea mundial con una educación superior basada en parámetros similares.

Nuevamente esto es más fácil decirlo que llevarlo a la práctica, ya que distintas naciones con distintos niveles económicos, tienen distintos escalafones educativos que les permiten continuar siendo las regiones más avanzadas de nuestra civilización debido a mejores sistemas en la transferencia de conocimientos.

Cuidado parvulario de la siguiente generación

El tesoro más preciado son los hijos que engendramos. O por lo menos así se podría entender al hablar con cualquier adulto que manifieste su punto de vista sobre el nacimiento de una nueva persona.

Pero, la verdad es que no todos los párvulos de este mundo son bienvenidos, deseados y tratados con tan benevolencia y santidad.

Cualesquiera sean las circunstancias, la brutal realidad es que existen a diario millones de engendramientos que si no son abortamos antes de nacer, son abandonamos cuando recién nacidos, o con dificultad los hacemos partes de nuestras vidas perturbadas con abusos físicos o mentales, muchos de ellos irreparables, que los marcaran de por vida.

Se estima en el 2017 que entre 40 a 50 millones de humanos engendrados son abortados antes de nacer. Tenemos cerca de 150 millones de niños entre infancia y adolescencia que de acuerdo con UNICEF han perdido uno o ambos padres. Más de un billón de ellos son a diario privados de necesidades tan básicas como agua, alimentos y sanidad. Existen otros 7 millones de infantes viviendo en instituciones.

Dentro de las sociedades industrializadas en muchos casos el cuidado parvulario es delegado a instituciones gubernamentales o privadas, que son las encargadas de darle formación a aquellos individuos que serán parte fundamental en el buen desarrollo de las comunidades.

Por ello los gobiernos han creado reglamentos y ayudas financieras para que los padres puedan tener la libertad de desempeñar sus habilidades en los campos laborales.

En algunas sociedades del mundo, esta delegación de cuidado es entregada a los abuelos o parientes cercanos, quienes pasan a ser los guardianes y educadores de las bases mismas que serán el cimiento de las formas de vida futura de esas comunidades.

Si realmente deseamos mejorar el mundo en que vivimos debemos comenzar con la generación que nos suplantará en un corto plazo. Debemos establecer una educación sobre la importancia en la formación de cada ser humano desde su concepción, e instaurar un sistema de implementación sobre el cuidado y responsabilidad en la entrega de los aspectos básicos de convivencia humana durante el periodo de crecimiento intelectual y espiritual.

Delegar estas funciones básicas paternales a instituciones ya sean estas gubernamentales, privadas o religiosas es una demostración de inmadurez e irresponsabilidad que debiera ser controlada en sus etapas iniciales.

En lugar de fomentar sistemas sociales institucionalizados que solo retardan el devastador impacto en la sociedad que más tarde se harán presente en esta nueva ola de seres humanos viviendo en el mismo infierno, muchos de ellos abandonados desde su gestación, hay que suplementar y robustecer la estructura de la familia.

Si realmente deseamos eliminar la mortalidad por guerras con dudosas justificaciones, los líderes deben cambiar sus políticas de gobierno. En lugar de gastarnos trillones de dólares para combatir el terrorismo, debiéramos destinar gran parte de dichos fondos a eliminar la delincuencia comunal, la orfandad y el brutal abuso destructivo de los menores.

Es más barato para los países industrializados el invertir en proteger a un niño que será un valor para la sociedad, que invertir en la eliminación o matanza de adultos que han sido programados para el enfrentamiento y destrucción del estado presente, principalmente por sentirse abandonados y abusados desde su infancia por sus procreadores.

Control de la Digna Rabia

Hemos dialogado de cómo los humanos hemos surgido como los dominantes de este planeta a través del dominio del caos.

A lo largo de nuestra historia para lograr el ordenamiento del caos, utilizando el sentido común, hemos generalmente empleado el método de resolución mediante la confrontación, que es producto de una rabia incontenible que es expresada en distintas formas.

De acuerdo con Miguel de Unamuno ¨todo hombre lleva dentro de si siete virtudes y sus siete vicios capitales: somos orgullosos y humildes, glotones y soberbios, rijosos y castos, envidiosos y caritativos, avaros y liberales, perezosos y diligentes, iracundos y sufridos. Y sacamos por igual al tirano que al esclavo, al criminal que al santo, a Cain que Abel".

De esta forma la digna rabia florece en todos los ámbitos humanos.

El encause y dirección de la rabia debe contar con un sistema de control, ya que una rabia incontrolable nos lleva a nuestra propia autodestrucción.

Por ello la sociedad moderna ahora cuenta en los países industrializados con lo que se ha denominado como Técnicas Administrativas de la Rabia (Anger Management).

Estamos tan conscientes de nuestra condición animal de enfrentar en forma totalmente irracional nuestra propia estupidez que hemos formulado leyes, creado tribunales de justicia, instituciones policiales y militares para controlarnos.

Solo necesitamos una pequeña chispa o un chisme o una palabra mal dicha para incendiariamente comenzar a formular las más elaboradas y sofisticadas formas de venganza.

Nuestros prejuicios culturales carecen en su mayoría de lógica y están basados en ideas de pensadores de una época en la que no contaban con los elementos de la vida moderna o los conocimientos actuales del universo. Estos pensadores y líderes formularon leyes primitivas que en ese entonces estaban destinadas a la preservación de la raza humana, pero que en la actualidad en muchas de sus postulaciones carecen de fundamentos lógicos y que por ende en lugar de proteger provocan rabia.

Hoy nos continuamos matando por razones individuales en odios de sentimientos encontrados, disputas familiares, vecinales, financieras, ideológicas, religiosas o culturales.

Siempre existe una justificación por la cual tratar de intimidar o eliminar a quien no está de acuerdo con nuestros deseos por obtener una mejor participación financiera en las ganancias producidas, por los recursos naturales que deseamos de otra región o simplemente cambiar el pensamiento espiritual o la forma de vestir de un grupo humano.

No existe dentro del reino animal un representante que sea más violento y sin remordimientos para matar a otro de su especie como el ser humano.

No solo nos matamos entre nosotros, sino que hemos exterminado de este planeta especies completas de animales y aves.

Y esto no es solo por género.

Tanto hombres como mujeres tienen los mismos instintos de violencia expresados en distintas formas.

Antropólogos han tratado de darle explicación a este comportamiento humano con ideas de cómo cambiar esta conducta de violencia que nos hace extremadamente peligrosos, al borde de nuestra propia extinción.

Esto no nos detiene en la carrera de invenciones de nuevas armas y formas de mutilarnos o eliminarnos ya sea por dinero, religión, por desprecio étnico, por envidia, codicia o por honor o porque alguien nos dió la licencia para matar por razones de patriotismo o ideologías extremistas.

La Digna Rabia es fomentada en la base misma de la sociedad humana por las grandes disparidades económicas existentes en este planeta, y que se han acentuado con el crecimiento descontrolado por el mayoritario grupo de los desvalidos.

Aquí está el campo más fértil para la plantación y cosecha del fanatismo a través de la digna rabia.

En la historia de la humanidad nos encontramos con ejemplos de todas las tendencias políticas y religiosas que han utilizado las disparidades de la sociedad para crear movimientos extremistas, que aunque minoritarios en su formación y utilizando un populismo demagógico, se expanden como plaga rápidamente fomentando el terrorismo y la violencia como la panacea a la solución de las desigualdades humanas.

El carácter, espíritu y conducta del fanático está por sobre el bienestar de las clases más privilegiadas y lo lleva a actuar en forma violenta en contra lo que este individuo considera como una intolerante aceptación de principios que atentan su forma de vivir y lo transforma en su despiadado comportamiento.

Las demandas de una sociedad moderna donde el individuo debe luchar constantemente por la satisfacción de sus necesidades básicas, comienza a fermentar su digna rabia.

Nace de esta manera los primeros sentimientos de oposición y desprecio del terrorista hacia todos aquellos que viven en un mundo que le es totalmente ajeno y al cual difícilmente podrá incorporarse.

Busca la aceptación e inclusión como miembro en instituciones o grupos que tienen reglas rígidas de conducta y obedecimiento. Está dispuesto a perder su libertad de pensamiento y entregar su conciencia a cambio de la protección brindada como miembro de las mismas.

La maravilla de estas rígidas reglas-muchas de ellas de un carácter irracional divino y formulado en los tiempos iniciales de la humanidad-las acepta ciegamente y le hacen perder su capacidad de pensar y razonar por sí mismo.

Las distintas manifestaciones de esta Digna Rabia vienen desde cuando los homosapiens formaron los primeros clanes y grupos. Más tarde se expandieron con la iniciación de las Cruzadas cristianas hasta los extremistas Islámicos actuales, pasando por los movimientos inquisicistas, fascistas, sionistas, comunistas y racistas extremos, todos movimientos de supremacía que han creado de una u otra forma genocidios propios de una barbarie irracional que han debido ser controlados por la fuerza.

En algunas sociedades se ha determinado que la mejor forma de evitar disparidades sociales, que son las que fomentan este fanatismo, es creando un control de la natalidad en forma mandatorio.

¿Es esta la solución?

China, a mediados del siglo pasado, impuso legislación en la limitación del tamaño de familia con la idea de controlar el crecimiento de su población y con ello el aumento de la pobreza y descontento con el régimen. El resultado fue una disminución tan drástica de la población que el nuevo gobierno ha debido revertir estas leyes para evitar la disminución de su población.

La eliminación de la Digna Rabia mundial no está en los controles de natalidad, sino en el mejoramiento equilibrado de las necesidades básicas de todo ser humano, para que cada uno pueda en sus funciones diarias sentirse participe del paraíso que lo rodea, en lugar de un infierno de pobreza constante donde solo existe la ley de la selva para sobrevivir utilizando la más cruel maldad.

El control del terrorismo con más armamento, al mismo tiempo que el control del crimen con más violencia, es una receta para la mantención y expansión sólo de aquellas actividades benéficas a los industriales del armamento, los grupos mafiosos, el gangsterismo y en general a aquellas sociedades que promueven el control de las libertades humanas a través de la vigilancia con el constante uso y manipulación del terror.

Protección del medio ambiente

Contamos con innumerables instituciones mundiales, ahora dedicadas a la protección del medio ambiente.

Personeros mundiales a diario nos recuerdan que este planeta es más frágil de lo que pensamos.

El equilibrio de la naturaleza es algo a la vez frágil y complicado que a pesar de nuestros avances científicos, aún tenemos inmensas lagunas en su comprensión evolutiva.

Sabemos que la flora y la fauna terrestre es el producto de un sistema genético a partir de proteínas básicas que es el que rige la materia viva.

Con el avance de la genética molecular podemos remontarnos en la evolución del reino animal y establecer un mapa de derivación de cada una de las especies.

Sin embargo, mientras mayor conocimiento adquirimos en esta cadena, más dependencias aparecen entre todo lo que nos rodea y que nos hace vivir.

Recientemente hemos visto como cambios climáticos han prácticamente hecho desaparecer especies, tal como le está sucediendo a los antílopes en el Asia Central y a los millones de salmones en el río Fraser en la provincia de Columbia Británica en Canadá y a los moluscos debido a la acidificación de los océanos.

Inicialmente los científicos han señalado que estas desapariciones están íntimamente ligadas a los cambios climáticos; los cuales están de por sí ligados a las emisiones de hidrocarburos; los que a su vez están íntegramente conectados al excesivo uso de combustibles y polución ambiental creado por la industria que nos provee de todos nuestros adelantos modernos.

En Sao Pablo, Brasil; en Los Ángeles, California; en Singapur, China; en el Distrito Federal, México; en Santiago, Chile; y en general en cualquiera orbe metropolitana de nuestro globo, la polución diaria está alcanzando limites desproporcionados que inevitablemente nos llevarán a la modificación o tal vez mutación de la raza humana.

Volver hacia atrás es difícil, más bien imposible.

Podemos hacer reuniones mundiales sobre el tema de la polución, pero todos viajaremos a dichas reuniones en aviones y vehículos, todos contribuyentes a dicha polución.

En Sao Pablo y en Toronto se construyen ciclo vías para disminuir el número de vehículos transitables. La verdad es que hemos aumentado la mortalidad de ciclistas siendo atropellados por vehículos motorizados, al tanto que los alcaldes de ciudades legislan como eliminar dichas vías cíclicas en favor de mayor movilidad para los automóviles.

Cada año que pasa la industria automotriz anuncia un nuevo récord de ventas de automóviles.

China será el próximo mercado del aumento de vehículos, y para ello se están construyendo las autopistas y preparando las ciudades para el tránsito de una mayor cantidad de camiones y automóviles.

Por otro lado la industria automotriz para mantener una creciente producción, inventa nuevas triquiñuelas de cómo evitar leyes antipolución para vender mayor cantidad de vehículos.

Estamos en medio de transformaciones que nos afectan y nos cambian a diario nuestra genética molecular básica.

Existen en la actualidad estudios sobre lo que hemos denominado como mutaciones neutrales. Estas nos enseñan que no estamos sujetos a una evolución natural. Ciertos genes humanos que en su tiempo pasado cumplieron ciertas tareas, en la actualidad están durmientes. Pseudo genes es solamente una clase de genes que no son considerados actualmente en embriología, de acuerdo con Richard Dawkins en su libro El Espectáculo más Grande del Mundo.

Nos modificamos a diario, pero la pregunta es, ¿cómo podemos mantenernos como raza humana viviente en un planeta que lo estamos autodestruyendo?

Tenemos muchos evangelistas acerca de la mantención y protección de la naturaleza.

Sabemos que por razones algunas sin explicaciones científicas, nuestra naturaleza es infinitamente más sabia, y en muchas oportunidades mediante sus propios medios de defensa ha logrado recuperar, con o sin ayuda de los humanos, aquello que con tanta irresponsabilidad y falta de ética estamos destruyendo a diario.

Trasparencia y responsabilidad de los líderes

Las elecciones denominadas como representativas y democráticas en las naciones industrializadas no son ni lo uno ni lo otro en la actualidad.

Los grupos de poder económico dominan las nominaciones de candidatos y financian las campañas políticas de sus líderes los cuales, una vez en el poder, deben de obedecer las solicitudes de las que han sido sus financieros.

Es difícil para el ciudadano común el poder exigir transparencia y responsabilidad frente a las promesas hechas antes de las elecciones, cuando las agendas son cambiadas en el momento en que el nuevo representante asume el poder.

Los intereses creados de las sociedades intermedias en la escala de poder son más poderosas que las necesidades humanas de los que están en la base misma de la pirámide. Las campañas políticas con sus promesas pasan a ser un majestuoso fraude. El común de la gente se desilusiona y se torna indiferente al sistema electoral democrático.

El peligro en esta forma de pensar está en que nuevamente comenzamos a abonar el campo fértil para el abuso y la corrupción ya institucionalizada en muchos países del mundo en lugar de exigir la transparencia y responsabilidad de los líderes electos y obligarlos a cumplir con sus promesas.

Un ejemplo típico de este comportamiento humano son las continuas guerras que la humanidad ha enfrentado. La sofisticación en la forma de tergiversar la verdad de cómo estos actos contra la humanidad son justificados tienen profundos matices kafquianos.

Cada nuevo enemigo del imperio es concebido, escogido, financiado y puesto en el poder con la ayuda de quienes a su conveniencia, posteriormente los declaran los enemigos de la democracia y la libertad.

Los innumerables casos de líderes puestos y depuestos por los poderes económicos de los países industrializados en su batalla de mantención o incrementacion de sus posiciones financieras, pasan desapercibidas por el grueso de la población.

En su gran mayoría la sociedad es bombardeada con información falsificada con la cual se crea a un monstruo culpable de las atrocidades que han sido debidamente planificadas para crear odios y temores contra determinados segmentos, los cuales pasan a ser primera plana de los medios informativos.

Esto es la aplicación de Maquiavelo 101, y su receta de cómo controlar el principado mediante actos de terror contra el pueblo. Dividir y reinar para siempre.

El gobierno norteamericano tiene un historial a cuesta que poco a poco se ha ido conociendo.

Los casos más vigentes están en nombres como Castro en Cuba; Pinochet en Chile; Noriega en Panamá; Escobar en Colombia; Amin en Libia; Hussein en Irak; Bin Laden en Pakistán; y la gran cadena de los extremistas islámicos de ISIS, todos en cadena puestos en posiciones de mando y abastecidos con armamento y apoyo militar norteamericano mientras son utilizados para crear un destabilizamiento político-económico en las seleccionadas regiones y posteriormente puestos en prisión o muertos como los peores villanos de la humanidad.

Para conocer la verdad de los actos de guerra y del terrorismo mundial, basta con seguirle la huella al dinero de cómo estos líderes están siendo financiados, entrenados, abastecidos de armamento y medios de comunicación para cometer los descarados actos barbáricos contra una población civil indefensa.

Identificación y castigo del *bullying* individual y gubernamental

Iniciamos en nuestra niñez la práctica de los actos de bullying o matonaje. Desde infantes aprendemos rápidamente a ser crueles con los más vulnerables del grupo, hasta el punto de empujar a otros de nuestra edad sobre el límite de sus débiles defensas.

Siempre existe la forma de justificarlo.

Ya sea porque somos pandilleros o queremos ser parte del grupo donde siempre emerge el matón, quien se convierte en el principal abusador con actos de digna rabia y los vierte en un miembro del grupo, escogiendo al más débil.

Todo comienza como una broma y luego se convierte lentamente en un ritual.

Ya sea por una diferencia física o mental, esta anormalidad es utilizada como una debilidad que debe ser castigada y expuesta al grupo de acuerdo con las normas del matón.

El impacto psicológico en la vida de los que pasan a ser las víctimas injustificadas de dichos actos de matonaje son de por vida, y en la mayoría de los casos, insuperables para una integración normal dentro de una sociedad que pretende ser igualitaria y proteger a los débiles.

Si a nivel individual somos animales inconscientes en nuestros comportamientos diarios con los que deberían ser nuestros amigos, a nivel de gobiernos las cosas tienen matices similares.

El matonaje de los países con poderío económico y bélico adquiere los mismos matices.

Más por la fuerza que por la razón, los países industrializados o denominados como del primer mundo, comienzan a individualizar miembros de la comunidad mundial que son débiles y que cuentan con recursos que pueden ser explotados, para imponerle sanciones económicas y/o castigos militares, muchos de ellos con mortalidad civil considerada como daño colateral, bajo su propia interpretación de cómo deben comportarse de acuerdo a sus normas de cultura y formas de gobierno.

De esta manera es como los débiles terminan finalmente por encontrar algún tipo de fortaleza dentro de ellos, e identificar debilidades en el matón que los está sofocando para crearles un daño que tengan un impacto similar o peor al que han sido victimizados.

Nuestras vidas no dejan de ser más que un acto de equilibrio donde el desvalido, a materia de protección y para sentir menos dolor, trata de justificar su existencia encontrando belleza en algo que es de por sí una obra siniestra e incomprendida.

El matón utilizará siempre su fuerza de animal para sobreponerse a los débiles con o sin razón. La diferencia entre un animal matón y otro poderoso es que el poderoso utilizará siempre su ventaja de fuerza, imponiendo sus niveles de ética e igualdad para la protección de los débiles basadas en un sentido común universal de verdadera defensa.

En la actualidad el matonaje de los que mantienen el poder mediante un capitalismo o un socialismo que se asemeja a un fascismo disfrazado de democracia igualitaria en la tierra de las oportunidades, ha logrado engrandecer a una clase privilegiada mientras que continúa empobreciendo al resto de sus compatriotas y del globo.

Ello les da aún más poder para continuar humillando y dictaminando que tipo de sociedad jurídica es la más indicada para imponer la voluntad del que tiene mayor poder.

Los adinerados arreglan el juego a su conveniencia de la misma forma como el matón del partido de gobierno arregla al grupo de familiares o amigos para continuar con su abuso contra el más débil.

El matonaje sin duda es el comienzo de la violencia justificada.

El abuso de poder es utilizado y justificado como una medida proteccionista para imponer un mandato. Sabemos que la violencia de por sí engendra más violencia y aquel que provoca una confrontación generalmente va a recibir una respuesta de una intensidad similar o mayor.

La violencia nunca ha solucionado conflictos. Tal cual lo enunciara Isaac Asimov, la violencia es solo el último recurso de los incompetentes.

Por ello, debemos lograr sobreponernos a este tipo de injusticia y transparentar esta conducta que debe ser ética en su primera instancia y judicialmente fiscalizada en su debida forma independiente. La codicia de amasar poder y riqueza a costa de la sangre ajena debe ser detenida antes que como lo dice el antiguo refrán: *la ambición rompa el saco.*

Los pilares de la convivencia sana

"Es asombroso que no sepamos vivir en paz, que la competividad mande sobre la convivencia"- Jose Luis Sampedro

Hemos estado dialogando sobre las incongruencias de nuestra convivencia mundial.

Necesitamos una receta. Una fórmula. Algún código simple o algo que nos ponga en un plano racional, lógico y verdadero del porqué estamos aquí, y cómo comportarnos para evitar el matoneo y las ilógicas matanzas.

Hasta el momento no hemos podido encontrar tal universal y maravillosa herramienta y seguimos divagando acerca del futuro, basado en las experiencias del pasado.

El sistema vigente que rige nuestras vidas a diario desde nuestra niñez hasta nuestra muerte, está gobernado en su gran parte por ideas y conceptos creados por primitivos pensadores o de siglos pasados que tenían una idea basada en los elementos que los rodeaban en ese entonces.

Hemos evolucionado y contamos con mejores herramientas para mejorar nuestra conducta terrenal.

Este planeta cambió violentamente a partir de la revolución industrial, y se ha acelerado aún más con la transformación traída por la era espacial y la edad digital que nos ha catapultado al espacio infinito que nos rodea, o como lo conocemos hoy en la parte científica, a la investigación de un universo expandido.

Los dígitos se han convertido en los insaciables y voraces dueños de los mercados de comodidades del mundo, que en estos momentos son los eternos matones de nuestras vidas.

Política capitalista y religión guían el carro de la humanidad por la carretera hacia nuestros mejores ideales de vida.

¿Será que nuestra existencia es complicada o que la solución es más simple de la que pensamos?

¿Debemos avanzar mas allá de los Diez Mandamientos e incorporar otros mandatos más modernos?

¿Debemos olvidarnos del Derecho Romano y establecer un sistema jurídico y de fiscalización diferente?

Somos seres evolutivos y los sistemas que hemos creado en los últimos 5000 años de historia documentada son los que actualmente rigen nuestras vidas y gracias a los cuales nos hemos salvado de extinguirnos.

La generación de los *Boomers, X e Y* fueron los fundadores y primeros fabricantes de la Edad Digital. Fueron estas las generaciones que nos trajeron los adelantos que ahora culminan con las redes sociales que son responsables por los primeros cambios de percepción de un mundo instantáneo donde las gratificaciones o castigos son inmediatos y las realidades mundiales expuestas al instante en los equipos digitales.

La generación siguiente de los denominados milenios es la que está viviendo esta nueva Edad Digital en su plenitud. Esta es la generación que ha crecido conectada a un mundo virtual, y que está teniendo un real conflicto en integrarse al mundo real de trabajo y relaciones humanas, las cuales son diferentes al mundo virtual y no entregan las gratificaciones o castigos instantáneos con los que han crecido.

La dificultad de adaptación de los milenios está en que los pilares de la sociedad siguen siendo cosas tan esenciales como lo siguiente:

- en el aspecto social: cuidar que las normas para vivir en comunidad con nuestros coterráneos, creen un ambiente de soporte mutuo, respeto e inspiración para participar en diferentes actividades;
- en el aspecto intelectual: acceso universal a la educación y mantenernos intelectualmente activos de por vida;
- en el aspecto emocional: formar relaciones a largo plazo, mantenerlas y ser promotores de la belleza individual con una integración comprometida a través de instituciones y acciones personales;
- en el aspecto físico: sacudir ser sedentarios, continuar participando en actividades recreacionales y entrenamiento corporal activo de por vida para mantener un saludable estilo de vida que elimine las presiones innecesarias en el ámbito familiar o en las instituciones de salud públicas;
- en el aspecto espiritual: tener amplitud de criterio para explorar las distintas corrientes de acuerdo con el padrón cultural que prevalezca en cada individuo; y

- en el medio ambiente: contribuir en forma activa y con nuevas iniciativas en la preservación del planeta y los recursos más esenciales que mantienen la vida.

¿Será que en nuestra ingenuidad individual creemos que nuestra vida está basada en computadores, métodos científicos, algoritmos o códigos matemáticos y/o geométricos, en lugar de la aceptación de ciertos principios fundamentales de convivencia que tendemos a negar o ponerlos en el último cajón del subconsciente con herméticos candados y que no han sido debidamente enseñados a estas nuevas generaciones?

Es necesario analizar más a fondo nuestros propios comportamientos practicando ciertos principios básicos de convivencia diaria a nivel personal para poder rescatar los pilares esenciales de esta sociedad moderna, que paulatinamente pareciera ahogarse en un océano virtual.

Procedamos a dicha revisión.

Pilares individuales de convivencia

Somos todos individuos únicos.

A partir de la semana catorce de nuestra gestación comenzamos a perfilarnos como algo diferente y a veces diametralmente distintos incluso de aquellos que nos dieron la vida.

Genéticamente estamos encadenados al ADN de nuestros antepasados, pero la exclusiva mezcla de estos genes nos individualiza hasta el punto de convertirnos en personas con distintas habilidades y estructuras físicas que las de nuestros inmediatos progenitores.

Es esta especial característica la que crea individuos excepcionales en cada generación.

Luego es el medio ambiente el que permite moldear a cada uno de nosotros en algo excepcional o en un desastre humano. Esto es algo tan real como cuando el experimentado orfebre da forma a una masa de barro convirtiendo en una obra de arte con sus manos y su herramienta giratoria a una mezcla de arcilla y agua. Esta inicial obra es frágil y puede quebrarse en cualquier instante antes de ser endurecida por los hornos que le darán la consistencia y permanencia.

Los humanos somos como la arcilla y el agua y vamos siendo modelados por las expertas manos de aquellos orfebres que nos dan forman al tanto que el medio ambiente nos endurece.

Debemos agradecer a diario a aquellas mentes extraordinarias que durante los últimos doscientos años han inventado todo aquello que nos permite disfrutar cada momento que pasamos en este paraíso, sobre todo para quienes poseen los medios económicos y se incorporan al club exclusivo de los privilegiados.

La Edad Digital nos ha llevado a elevar la vara por la cual nos medimos en lo relativo al comportamiento y conocimiento de las virtudes y los descalabros humanos.

Lo que viene a continuación es una revisión de algo que a diario lo leemos en las redes sociales actuales de comunicación.

He aquí los pilares básicos que hemos recopilado para mantener presentes en nuestra vida cómo manejar armoniosamente nuestras relaciones en un cuadro más aceptable y mantener una clara visión del porqué estamos aquí y que a menudo olvidamos.

El primer pilar que debemos aceptar y no temer es: MORTALIDAD.

Como seres humanos controlados por un sistema nervioso y un ego del mismo tamaño del universo, pensamos que estamos destinados a la inmortalidad.

Esto nos hace débiles y abiertos a la reestructuración de nuestros sentidos básicos por individuos y pensadores que pueden tener buenas o egoístas intenciones de manipulación en la forma como percibimos y debemos actuar durante nuestra vida.

La triste realidad es que nuestro cuerpo físico está por concepción destinado al deterioro y a su extinción final desde su misma gestación.

Aceptar nuestra mortalidad sin más predicamentos de que algún día no muy lejano vamos a dejar de pertenecer a este paraíso o infierno en el cual permanecemos temporalmente por funciones estrictamente del azar, es un concepto duro de racionalizar.

El sólo pensar en la muerte nos produce una reacción adversa que no podemos barajar ni siquiera en el mejor de los casos.

Científicamente buscamos caminos a través de investigaciones profundas de cómo prolongar nuestra estadía en este planeta.

Por otro lado, sabemos que nuestra muerte va a ser un hecho inevitable y producido:

1) En forma natural debido a la degradación interna del cuerpo humano;
2) En forma de una enfermedad que nos ataca por razones conocidas o desconocidas; o
3) En forma brutal por cualquier motivo que este sea. Por ejemplo: accidentes, vamos a una guerra de ismos a sabiendas que nos van a matar; nos volamos los sesos por religión o cualquier profeta; o no toleramos más este mundo y nos autodestruimos; o abusamos plenamente de las comodidades que se nos han otorgado y nos convertimos en alcohólicos o drogadictos o nos

inmiscuimos en un campo de violencia por razones de delincuencia o matonaje corrupto.

Cualquiera sea la razón, todos sin excepción terminaremos en un nicho, una fosa común, en un crematorio o desintegrados por la siguiente explosión terrorista, por un accidente inesperado o el impacto de un meteorito fortuito que paso a través de la protección gravitacional que el planeta mantiene.

De ahí que el margen de vida humana en el siglo XXI puede ser entre 0.01 a 100 años aproximadamente.

Entre estos periodos-en el mejor de los casos-los más productivos son no más de 40 años.

Esto nos parece injusto y por ello en nuestra corta vida productiva tratamos de obtener el máximo de reconocimiento y satisfacciones con retribuciones instantáneas tratando de perpetuarnos con acciones individuales en el área de entretenimiento o con proyectos y trabajos que pueden o no continuar después de nuestra muerte.

Proporcionalmente, si relacionamos nuestras vidas a las distancias dentro del conocido universo, Andromeda que es la Galaxia más cercana, está a dos millones de años luz. Es decir, que en el mejor de los casos nuestros 100 años de existencia con 40 productivos es algo más insignificante que un grano de arena en el desierto de Sahara con relación a las distancias que nos separan de otros mundos en el actual universo conocido.

Saber que nuestra presencia en el cosmos es infinitamente microscópica, nos debiera hacer aún más sensitivos a la maravillosa oportunidad que tenemos para hacer un paraíso de esta infimicro-decimal estadía terrenal.

Este principio es independiente de cualquiera posición económica, política, social, sexual, racial o filosófica que tengamos.

Todos vamos a desaparecer en un tiempo más rápido del que deseamos.

A diario-en nuestra carrera desenfrenada por lograr metas en su mayoría irrelevantes-pasamos frente a los cementerios que están ordenadamente llenos de individuos sepultados que ya pasaron por este mundo, y que experimentaron las mismas interrogantes y etapas que nos brinda el diario vivir.

Ahí están enterradas buenas y malas decisiones. Vidas de altos logros y otras sin razón. Pensamientos extraordinarios y otros sin importancia. Pleitos ganados y otros perdidos, todos invalidados por el tiempo. Ideas lógicas de gran profundidad y otras irracionales. Amores, pesares, odios, rencores, fracasos, triunfos, traiciones, ilusiones y todo aquello que creemos tiene importancia en la vida, ahora sepultados y prontamente olvidados.

Todos los 1 de noviembre el mundo católico e hispánico principalmente, tiene la celebración del día de Todos los Santos o de los muertos.

En distintos países, esta celebración tiene diferentes matices.

Al tanto que en México se hace una celebración con comida y eventos especiales dedicados a conmemorar a los que "se han marchado" (una forma de decirle a los muertos), en otros países las celebraciones son más de índole religiosa y de visitas a cementerios donde se recuerda a familiares y amigos fallecidos llevándoles flores y limpiando sus tumbas.

En el día 11 de noviembre los países pertenecientes a la Comunidad Británica de Naciones tienen su celebración de los muertos en los dos conflictos mundiales del pasado siglo XX. Esta celebración es a los caídos en conflictos bélicos, los cuales "hicieron el sacrificio máximo para defendernos de ataques fascistas a los países de la comunidad, y restaurar cierta lógica y orden en nuestras vidas".

Existe una docena más de celebraciones a la mortalidad humana en el mundo.

En Malasia está el Ari Muya; en Korea el Chuseok; en el mundo hindú es el Pitru Paksha; Obon, en Japón; el festival del fantasma hambriento, en la China; Pchum Ben, en Cambodia; Calugan, en Bali; y Gai Jatra, en Nepal.

Con máscaras o sin máscaras, con uniformes o sin uniformes, con actos paganos o de profunda espiritualidad; nativos o ciudadanos del mundo, cualquiera sea la forma, como humanos todos le rendimos a la muerte tributo de una forma u otra.

En muchas ocasiones he visto que estos tributos al recién fallecido son lo que en algunas culturas ahora denominan la celebración a la vida de aquel que ha cumplido su tiempo de estadía.

El hecho fundamental es que estamos plenamente conscientes de nuestra mortalidad, la cual nos llegará de una u otra forma, y por ende debemos saber utilizar nuestro tiempo de vivencia en la mejor manera posible.

¿Y cuál es la mejor forma de utilizar nuestro tiempo en este planeta frágil?

Tenemos que terminar con nuestra destructiva manera de interactuar y en lugar de malgastar el tiempo en inútiles acciones diarias de egoísmo ilimitado, debemos tener bien en claro que irreverente del tipo de humano que seamos - ricos o pobres, líderes o seguidores, famosos o desconocidos, blancos o negros, musulmanes o católicos, luteranos o presbiterianos, evangélicos o mormones, religiosos o ateos; nuestro tiempo de permanencia es finito y no vivimos ni en el pasado ni en el futuro, sino en el ahora.

Más aun, este tiempo es corto y nadie ha vuelto desde su muerte a demostrarnos que seremos eternos a partir de nuestra mortalidad.

Si bien es cierto que gracias a los avances científicos desarrollados por cerebros avanzados hemos prolongado nuestra existencia, con suerte llegaremos a los 100 o más años. Estiman que esta meta será algo habitual dentro de los próximos 20 años con los avances de la medicina moderna.

Ello significa que habremos observado, si las leyes de las probabilidades así lo estiman, a tres generaciones de nuestros descendientes. Tal vez con los avances por venir podremos batir este récord de vivencia, pero de cualquier forma nuestra genética no es conductiva a vivencia eterna, y con más o menos tiempo, nuestra estadía en este planeta es limitada.

Si realmente deseamos contribuir a la prolongación de la raza humana y a la vialidad del planeta, debemos durante nuestra existencia, salvaguardar el medio ambiente que hace posible la recreación de la vida, luchar por la preservación de la vida y cada uno de nosotros contribuir a diario a la manutención del lugar que utilizamos para vivir.

Esto de matarnos los unos a los otros anticipadamente no tiene ninguna lógica o razón, ya que-tal cual lo dice el tango-el tiempo por sí solo se encargará de ello. *(...y que el tiempo nos mate a los dos...)*.

Continuar nuestra carrera destructiva del medio ambiente tampoco tiene ni validez económica, ni justificación ética.

Si somos tan miopcs de no entender este principio básico, da lo mismo que estemos vivos o muertos.

El segundo pilar que debemos aceptar y no abusar es: DESIGUALDAD.

Somos desiguales a partir de la décimo tercera semana de nuestra gestación e incluso cuando nos morimos.

No todos mueren de la misma forma ni son enterrados en cementerios igualitarios.

Algunos cuerpos reposarán en el Cementerio de Arlington, otros en el cementerio de Chuchunco o en alguna esquina olvidada de este planeta. Algunos tendrán lápidas de mármol cuidadosamente labrada, otros una cruz de palo pronta a desarmarse y otros un hoyo en la tierra. Algunos tendrán ataúdes de caoba, otros serán momificados, y otros serán cremados y sus cenizas esparcidas en los ríos, lagos, océanos o campiñas.

Lo que es claro es que somos desiguales y gracias a ello este planeta aún funciona.

La acumulación de lo físicamente diferente con lo intelectualmente distinto es lo que crea las diferencias humanas y por ende las desigualdades.

No existen desigualdades correctas o incorrectas.

Cada uno de nosotros somos diferentes desde nuestra concepción y distintos de acuerdo con nuestra genética, lo que nos hace diferentes y desiguales en nuestras habilidades desde nuestra gestación.

La diferencia ocular masculina y femenina permite a que mujeres tengan una visión global debido a la abundancia de células cónicas en sus ojos. Esto las habilita para recolectar una mejor información instantánea del medio ambiente que las rodea. Por otro lado, la visión masculina es totalmente focal debido a la abundancia de células bastóneas, lo que le permite tener una aguda percepción del medio ambiente para enfocarse en la caza.

Conscientes en dichas diferencias debemos continuar al igual que lo han hecho nuestros antepasados, en nivelar el campo de juego y sus reglas, para que al menos éstas nos hagan funcionar cercanos a una sociedad igualitaria donde los elementos que ayudan a la formación de cada individuo sean equitativos y las desigualdades no creen sistemas de poder para aquellos abusadores de ganancias individuales ilimitadas y estrictamente ególatras.

¿Cuáles desigualdades básicas son en las que debemos establecer reglas sobre su mejoramiento constante para evitar abusos de poder?

1) Las genéticas;
2) Las culturales;
3) Las económicas; y
4) Las educativas.

Nuestras diferencias genéticas han sido la base del crecimiento de la humanidad a partir del sexo al cual pertenecemos desde nuestra concepción. Las otras diferencias genéticas impregnadas en nuestro ADN se han constituido en desigualdades que hemos tratado de equilibrar a través de políticas sobre discapacitados.

En el reino animal los distintos sexos tienen condiciones y habilidades, que nos diferencian para ciertas labores y nos complementan en otras.

Desde los tiempos agrícolas, pasando por la revolución industrial hasta la Edad Digital, en todos los campos siempre han existido labores que por habilidades inéditas son más propias de uno u otro sexo, asimismo como otras que no tienen distinción y que se han denominado de *sexo único*.

En la actualidad tanto en la industria como en los servicios ambos sexos compiten en formas desigualitarias, creando un pronunciado y desequilibrado costo humano por lograr una igualdad inexistente desde un punto de vista netamente genético.

En la parte económica, existe una desigualdad mundial entre el sexo masculino y el femenino.

Globalmente la brecha financiera entre hombres y mujeres es amplia en los países del Medio Oriente, África y Asia del sur donde la participación femenina en el Producto Interno Bruto (PIB) de estas regiones alcanza a sólo un 44 por ciento. Incluso en los países industrializados de Norteamérica y Europa Occidental la brecha en el PIB es de un 30 por ciento.

El más alto porcentaje de mujeres en la fuerza laboral mundial en el 2015 en el área industrial es en fabricación, donde el 21 por ciento de la fuerza laboral mundial es femenina. Esto no significa que ellas tengan el mismo nivel de remuneración que los hombres por iguales labores.

El sexo masculino tiene remuneraciones de un 25 a un 50 por ciento mayores que las de las mujeres dependiendo de la cultura y la región donde habitan. ¿Hay alguna lógica en ello?

Esta desigualdad participativa a nivel mundial debe ser resuelta por las clases dirigentes, no solo para satisfacer a los que promueven los derechos humanos y femeninos, sino para realmente promover el desarrollo individual, una fuerza laboral equitativa, productiva y en general, el mejoramiento mundial del Producto Interno Bruto (PIB).

Al tanto que las desigualdades genéticas, culturales y económicas marcadas por el ADN y el sexo, son en su mayoría horizontales dentro de la sociedad mundial, las desigualdades educativas son totalmente verticales dentro de los distintos escalafones sociales por región.

Por ende, si queremos balancear las desigualdades a partir de las diferencias sociales entre las distintas clases, tenemos que promover la igualdad de oportunidades y acceso a la educación no solo entre ambos sexos, culturas o incapacidades genéticas, sino también dentro de los distintos escalafones económicos.

La visión miope de las desigualdades de sexo, se ha centrado generalmente en tratar de igualar las experiencias financieras y sexuales de hombres y mujeres.

Esto ha creado en los países industrializados un problema sociológico de grandes repercusiones en la estructura de la familia, y a nivel individual, en el existencialismo de cada uno.

Los avances sociales a partir de la mitad del siglo pasado, han incluido nivelaciones en materias jurídicas y científicas que han permitido una parcial paridad de los sexos. Estos avances principalmente se han reflejado en el derecho a sufragio en la parte socio-jurídica, en el acceso a medios anticonceptivos y en el derecho al aborto en la parte científica.

Pero aún existe un profundo abismo de desigualdades en la aplicación de estas normas a nivel global.

La cultura de mutilaciones genitales en los órganos femeninos, la obediencia y subyugación femenina al poder dominante masculino en la familia, son dos importantes elementos a nivel mundial que aún son predominantes en culturas que pertenecen más a la edad de piedra que a la edad digital.

Las desigualdades biológicas siguen siendo utilizadas para crear desigualdades afectivas, donde las relaciones humanas debieran ser guiadas para crear una sociedad entre hombres y mujeres basada en sentimientos genuinos de igualdad en lugar de utilizar las diferencias biológicas como excusa en el abuso de poder.

Desde la época de las cavernas hasta nuestros días, la mayor fuerza física masculina sobre la femenina ha sido glorificada como un símbolo de superioridad para permitir abusos sin escrúpulos que han creado una fisura emocional devastadora entre los sexos.

Si deseamos que la estructura familiar opere en forma mayoritaria como un eslabón de unión y no de destrucción emocional entre los sexos, debemos partir por entender las diferencias que nos hacen desiguales en los distintos campos operativos. Ello nos permitirá entender los elementos de complemento que deben existir entre los distintos sexos y equilibrar la balanza en aquellas áreas donde existen marcadas desigualdades.

Por constitución genética hombres y mujeres son distintos, pero se necesitan complementar para la preservación de la raza humana.

Las libres atracciones emocionales entre los sexos deben continuar siendo el fundamento de la unión entre hombres y mujeres, quienes deben tener una claridad en las desigualdades biológicas que deben complementarse para eliminar diferencias culturales, económicas y educativas.

No ampliaré mas el tema de las diferencias culturales, económicas y educativas que ya las hemos dialogado anteriormente.

El tercer pilar que debemos entender y practicar es: COLABORACION

A través de la maravilla de enciclopedias digitales y buscadores de ideas en el Internet, podemos aprender y compartir a diario nuestras experiencias y conocimientos adquiridos.

En la actualidad utilizamos las redes sociales sólo para compartir la parte más bien positiva de nuestras vidas en la forma más superficial posible, sin comprometernos o tratar de estimular a otros con nuevas ideas fundamentales para el cambio de nuestro comportamiento, lazos emocionales y relaciones sociales.

La Edad Digital nos ha ayudado a comprimir el tiempo en que podemos adquirir más conocimiento instantáneo, pero no necesariamente nos educa en cómo compartir nuestros propios intereses y percepciones del mundo que nos rodea en una forma que podríamos denominar como colaborativo y positivo.

Existe un caudal de información disponible en el internet, y ello nos puede ayudar a ampliar nuestro criterio con relación a comunicaciones a través de distintas culturas y poder separar la verdad de las mentiras.

Pero para compartir debemos entender en su totalidad el principio de colaboración, comenzando por no considerar culturas foráneas como enemigas de nuestros principios.

Aunque exponer nuestra mente y sus ideas a conceptos distintos no necesariamente significa el de caducar nuestro individualismo para ser asimilados por otros pensamientos foráneos a nuestra ética y comportamiento social, debemos entrenar nuestra conciencia para admitir entrada a lo que es desconocido y diferente.

Esto es un temor real y una muralla a veces insalvable que atenta contra la colaboración.

A nivel local todo empresario está a diario en un ambiente de competencia, donde aislamos las ideas con prejuicios incoherentes y sin valor con el afán de obtener a corto plazo una ventaja competitiva sobre los adversarios.

Esto promueve el individualismo incluso en el pequeño grupo empresarial, donde las ideas nuevas, que no necesariamente son las mejores, son compensadas y galardonadas.

Existen numerosas teorías sobre la mejor fórmula para compartir ideas entre individuos que tienen pensamientos diametralmente opuestos y que por ello están en pugna y no en un ámbito de colaboración con el grupo.

La barrera fundamental que nos dicen los expertos en esta materia es que solo nos debemos concentrar en lo singular de las ideas y no en la forma que nuestro cerebro multidireccional está trabajando para llegar a tales pensamientos.

Nuestro cerebro está programado para dar por irrefutables ideas negativas a priori, en su mayoría concebidas en falsa lógica deductiva, que han sido registradas a una temprana edad.

Para poder compartir ideas debemos partir por escoger las vibraciones correctas en nuestro cerebro para que esté abierto a aceptar una nueva lógica. Por ello debemos aprender cómo nuestra mente funciona, y por ende, cómo la mente de las otras personas van formado sus ideas.

El Internet en su principio fue un fabuloso vehículo de autoridad individual que permitió a cada persona optar por su mejor elección de ideas, fortaleciendo los principios de libertad y democracia que deben existir a nivel mundial.

Sin embargo, como en toda actividad humana, de a poco hemos comenzado a construir murallas protectoras para debilitar tales libertades, las cuales comienzan a ser consideradas enemigas del poder establecido en las distintas comunidades y naciones.

Al igual que en otras materias de comportamiento humano, debemos tratar de sobreguardar la inicial libertad que nos trajo la Edad Digital, mejorando nuestro proceso para llegar a un sistema de colaboración y lograr compartir ideas solucionando los impases o barreras que creamos en el avance del raciocinio lógico.

Para ello debemos honradamente determinar nuestros propios intereses; optar por distintas formas de pensar ajenas a las nuestras; mantener nuestra mente abierta a nuevas ideas y prepararnos mentalmente para compartir y entender los intereses de otras personas.

Solo entonces podremos iniciar un proceso colaborativo donde compartiremos sin prejuicios distintas opiniones, definiremos los puntos de discrepancias, identificaremos los intereses de cada participante, optaremos por formas para solucionar las diferencias, evaluaremos dichas posibilidades para finalmente llegar a un acuerdo de convivencia pacífica y progresista.

Fácil de escribir y difícil de implementar.

La experiencia nos indica que la historia humana no se ha escrito precisamente en una forma colaborativa, sino más bien en una conflictiva.

La forma actual predominante de resolver nuestras diferencias es la de tratar de imponer nuestra posición por la razón o la fuerza. En este ámbito, llegar a un acuerdo depende de quién es el más poderoso, el más persuasivo y el con más tenacidad para combatir hasta el mismo final.

Este tipo de negociación posicional nos ha limitado como seres de este planeta a ser realmente efectivos en eliminar las desigualdades y la injusta mortalidad de seres desvalidos y realmente inocentes, quienes pasan a ser una estadística más en estas pugnas sin solución.

Por lógica sabemos que los cambios en la humanidad utilizando este sistema han sido ineficientes, nunca han producido acuerdos lógicos y han deteriorado nuestra propia convivencia en este planeta.

He aquí la gran dificultad humana de poder llegar a una convivencia pacífica y lógica permanente utilizando la colaboración en lugar de la confrontación.

Basta con ver las noticias diarias de los acontecimientos mundiales para comprender el gran desperdicio de vidas a consecuencia de este pensamiento aun cavernícola donde predomina la fuerza en lugar de la armonización.

Llevado al nivel de cada persona, estamos en medio de la creación de una sociedad individualista, prejuiciosa, egoísta y centrada en sus propios intereses. Este tipo de sociedad crea estrés, rabia y resentimientos explosivos que terminan por socavar los principios y mente de cada individuo.

Debemos atenernos a las leyes del juego competitivo que es sano y justo donde podemos elaborar soluciones sofisticadas, y también demostrar con argumentos en los que incluimos ideas de otros individuos sin temor a que dicha colaboración va a ser necesariamente perjudicial.

Para conseguir resultados creativos es necesario dejar a los grupos funcionar en forma autónoma y darles el soporte para que sean exitosos en sus proyectos. Dada estas condiciones todos estamos dispuestos a colaborar para mejorar la calidad de vida del grupo en nuestro diario vivir.

La colaboración tiene una aplicación práctica a todo nivel, desde la familia hasta las organizaciones más sofisticadas y los acuerdos de políticas internacionales, que tendrán impactos positivos y que en la cuenta final lograrán canalizar las energías múltiples para obtener resultados óptimos.

El cuarto pilar que debemos vivir honradamente es: ACEPTACION Y TOLERANCIA

¿Cuál es la diferencia entre aceptación y tolerancia?

Yo puedo aceptar que mi vecino sea de otra raza, religión o nacionalidad, pero mi tolerancia puede ser cero en intentar entender su comportamiento vecinal basado en su cultura o ideología diferente a la mía por razones netamente genéticas.

El haber sido procreado y doctrinado en otro lugar del orbe no necesariamente nos hace superiores cuando de adultos debemos entender nuestras diferencias y desigualdades.

Un ejemplo más latente relativo a la aceptación y tolerancia ocurrió durante la elección para Primer ministro de Canadá en el 2015 por una controversia judicial en la aceptación de otra cultura, y la completa intolerancia de muchos canadienses al respecto.

El caso jurídico fue el de una mujer inmigrante de origen musulmán, que para recibir su ciudadanía canadiense en el acto público de entrega de sus papeles de ciudadana, quiso utilizar un *nikab* cubriendo su rostro de acuerdo con su creencia religiosa.

Canadá ha sido uno de los países más avanzados en el tópico de integración cultural de nuestro globo.

Sin embargo, este caso se transformó en un debate público y político que en buena forma costó al partido conservador gobernante su destronamiento del poder sostenido hasta ese entonces.

El abogado defensor de dicho pleito afirmó en televisión nacional que este no era un caso político, sino más bien una razón de armonía que debía primar en la nación canadiense pluralista.

La tolerancia y aceptación de este acto diferencial provocó reacciones de todos los rincones del territorio, creando una división social basada en un hecho tan rústico como el del uso de una vestimenta u otra en un acto público.

Es este comportamiento el que nos hace cometer actos violentos discriminantes entre nuestra propia especie, hasta el punto de llevarnos a guerras y matanzas basado en posiciones fundamentalistas y de supremacía, sin ninguna explicación lógica.

En hechos mundiales diarios nos convertimos en animales territoriales, que manipulados por líderes sin escrúpulos ansiosos sólo de poder, nos conducen a cometer los actos más infames de violencia y tortura. Todo ello basado en una interpretación equivocada de los valores fundamentales de una sociedad pluralista y desigual, los que mezclados con valores democráticos populistas de libertad y derecho judicial dudosos, nos hacen rápidamente olvidarnos de los aspectos de aceptación y tolerancia que debemos mantener siempre presentes.

Los dos conceptos están íntimamente ligados, y requieren mayor educación.

Para entender pluralismo en su forma total hay que partir con una educación individual sobre apertura y aceptación con tolerancia de lo que es diferente a lo nuestro.

Esto se inicia a nivel de familia, en el mismo hogar y luego en la escuela, en las reuniones sociales, en el deporte, en la entretención, y en fin, en todas las actividades diarias.

La práctica debe ser consistente con un amplio margen de tolerancia y cero tolerancias a actos netamente discriminantes e ilógicos.

Debemos practicar constantemente y de por vida, el aprender a escuchar en lugar de interrumpir; en enfocarnos en comprender diferencias en lugar de aplicar nuestros propios prejuicios. En detener nuestra mente antes de anticipar la respuesta sin haber entendido todo lo que se está diciendo. En hacer preguntas para aclarar antes de emitir juicios. En resumir lo que se ha escuchado para ver si realmente hemos captado los otros puntos de vista. Con ello podremos finalmente llegar a comprender las razones por las cuales la otra persona opina y piensa de esa manera.

Este es un ejercicio mental de grandes proporciones. Mucho más que el de simplisticamente bogar por una educación universal gratuita.

Significa cambiar la forma de actuar y utilizar una apertura de pensamiento, escuchando con empatía y humildad, al mismo tiempo que ponemos en jaque nuestro propio ego.

Para llegar a esta forma lógica, racional y científica de vivir a diario debemos primero aceptar que somos ignorantes, que tenemos que formar una hipótesis antes de una tesis, y que sólo entonces llegaremos a ser conocedores de la verdad, cuando obtengamos toda la información necesaria que nos permita emitir un juicio racional.

Esto involucra un gran nivel de libertad personal.

Libertad es tener la voluntad espontánea de saltar sobre la gran muralla de nuestras propias limitaciones e inhibiciones con la que nuestro ego nos encarcela, para explorar sin temor a la represión o la vigilancia, un campo nuevo de experiencias donde el ego y la espiritualidad no volverán a ser lo que fueron.

La aceptación de nuestra diversidad genética es mandatoria para la subsistencia de la raza humana y también del planeta. Durante nuestra corta historia terrestre, cada vez que nos hemos cegado en aceptar tal diversidad, hemos estado a punto de generar el fin de nuestra estadía en este paraíso.

Llegamos a este mundo en distintas formas, colores y capacidades. Esta diversidad individual, que nos hace por un lado desiguales, por otro es el que realmente ha mejorado la aldea global, por cuanto las labores necesarias para vivir y gozar de las orbes avanzadas son múltiples y requieren distintos jugadores.

El quinto pilar fundamental para ser felices es el de: COMPRENSION Y EMPATIA

Comprensión es una aptitud de cada individuo, que le permite alcanzar un entendimiento de la información recibida.

En la era digital estamos siendo bombardeados por exageradas informaciones que debemos procesar en la forma correcta.

Por ello es mandatorio que sepamos desmembrar dichas informaciones para lograr aceptarlas y tener la valentía que requiere una tolerancia frente a una determinada opinión o situación, para si es preciso, cambiar nuestros puntos de vista.

Muchas veces oímos, pero no escuchamos; leemos, pero no entendemos; observamos, pero no captamos.

Nuestra comprensión del diario vivir puede manifestarse en tres formas diferentes:

★ Comprensión literal, donde solo procesamos en forma textual los datos recibidos;

★ Comprensión critica, donde elevamos la comprensión literal, emitiendo juicios sobre la información recibida; y

★ Comprensión deductiva, donde buscamos información paralela e interpretamos los datos para crear nuestra propia comprensión de lo expresado.

Cualquiera sea el estilo de comprensión, siempre va acompañada de un alto grado emocional.

A medida que nos movemos de lo literal a lo deductivo aplicamos distintos filtros de prejuicios y sentimientos, lo que está gobernado por los distintos niveles de empatía de cada individuo.

Empatía es tener la habilidad de sentir y participar afectivamente, y por lo general emotivamente, una realidad ajena a la nuestra.

Para ello debemos mantener una total apertura en nuestra comunicación con el medio ambiente que nos rodea.

Esto nos mueve al terreno de la filtración de la información.

Aspectos emocionales pueden predominar en los filtros que aplicamos. El ejemplo más palpable es formar una línea de varias personas y pedir que el primero le pase un corto mensaje al segundo en su oído y así sucesivamente. Con ello comprobaremos los filtros que aplicamos al mensaje inicial, la distorsión de los intermediarios y la forma como es comprendido por la última persona que recibe la información.

Por ello que siempre existirán varias versiones sobre hechos acontecidos.

La comprensión con empatía demanda tener afecto por lo humano.

Este afecto llega a nuestro cerebro mediante los distintos niveles de sentimientos que han sido programados en nuestro subconsciente.

De ahí que sea necesario que en la formación del individuo éste haya podido experimentar los distintos sentimientos a través de las acciones de sus mayores. La mente debe poder distinguir entre amor y odio; amistad y enemistad; lealtad y engaño; verdadero y falso; candor y frialdad; y así sucesivamente dentro de la inmensa bodega de sentimientos que almacenamos y utilizamos.

La comprensión empática no es algo que podemos comprar en Amazon o en el supermercado de la esquina, sino más bien un aprendizaje continuo entre el mejor balance de los distintos sentimientos positivos y su aplicación diaria en nuestra vida cotidiana.

El sexto pilar que debemos practicar es: HUMILDAD

Es difícil practicar la humildad, dentro de la vorágine diaria del consumismo que es impulsado por el capitalismo actual.

A todo nivel es necesario volver a encontrarnos como seres humanos con la realidad de que somos frágiles y humildemente insignificantes dentro del universo, al mismo tiempo que no somos máquinas consumidoras que desperdician el 60 al 70% de lo que adquieren.

El capitalismo moderno se ha expandido por todo el globo.

Todos los habitantes de este mundo, de una forma u otra, están involucrados en alguna labor de creación de bienes de consumo a cambio de una remuneración que les permita de alguna forma satisfacer sus necesidades básicas, e incorporarse a la vorágine de la basura.

Todos participamos en el sistema.

La mayoría de la gran clase media trabajadora provee fuerza laboral para la mantención del capitalismo, al tanto que la minoría dirigente son los que realmente manejan o usufructúan los beneficios del sistema.

El capitalismo tiene como objetivo principal el crecimiento de los capitales de inversión. Las bolsas de comercio mundial están sofisticadamente creadas y mantenidas para fomentar que los capitales crezcan.

Los ejecutivos o presidentes de las empresas que dominan estas bolsas tienen como objetivo principal el aumentar el capital de los inversionistas o accionistas a través del crecimiento y expansión ilimitado de las empresas bajo su mando.

Esta es verdadera guerra competitiva donde los grandes se tragan a los pequeños en una carrera desenfrenada para dominar sus mercados sin pensar que existe siempre un límite a tal crecimiento.

Esto es similar a un tren de carga que se le agregan carros mientras va camino a su destino que es el final de la línea férrea, donde se detendrá o caerá a un abismo para autodestruirse.

Ello ha creado derrumbamientos increíbles en empresas multinacionales que llegan a su límite de expansión, para luego declarar la bancarrota.

Este modelo capitalista de expansionismo ilimitado es ajeno a los efectos que pueda tener dicho crecimiento sobre el individuo, la comunidad o el medio ambiente. Esta insaciable ambición de un lucro sin fronteras parece llevarnos a nuestra propia destrucción.

El caso Chernobyl es uno presente y latente en esta materia del descontrol humano y total ignorancia sobre el medio ambiente.

Un bosque destruido para crear una empresa nuclear de grandes proporciones. Negligencia empresarial la lleva a su destrucción, creando una de las catástrofes nucleares y ambientales más grandes del siglo pasado. El medio ambiente es abandonado, los individuos abandonados o expulsados de sus hogares para en los 20 años siguientes-sin influencia humana-dejar que la naturaleza vuelva a revivir atrayendo nuevamente a la vida vegetal y animal de antaño. Lobos depredadores, ciervos y vegetación han vuelto a Chernobyl para hacer rehacer un balance ambiental sin la intervención de los humanos.

Esta actitud prácticamente suicida ha creado un modelo de centralismo socialista y capitalista totalmente egoísta dentro de los países industrializados, donde el ciudadano común como participe de dichas empresas se siente abusado por la máquina devoradora del crecimiento y adquiere una personalidad similar a la de la empresa donde *todo gire alrededor mío*. Esto ha promulgado lo que ahora hemos denominado la generación del yo.

Yo paso a ser entonces el centro del universo mismo y el resto que se joda.

La humildad individual es carente, al igual que la ética que debiera prevalecer y gobernar todas las empresas por sobre las ilimitadas ganancias para sus dueños.

Los pilares de la sociedad deben ser construidos sobre la fundación de las necesidades individuales y cimentados por una formación del individuo a partir de la familia. La familia es la constructora primordial que lo guiará por el desarrollo y respeto de los principios de convivencia armoniosa, fundamentales para su incorporación en una sociedad comunal progresiva.

Las empresas, como entidades individuales, y con su objetivo central siendo sólo el lucro, no pueden ser consideradas como el centro mismo del desarrollo social y reconocimiento individual.

Si por un lado todos debemos tener una responsabilidad social, por otro debemos estar claros que el objetivo central de los inversionistas mundiales no está enfocado en dicha responsabilidad y que ello debe cambiar.

Los Presidentes de empresas son evaluados trimestralmente por su habilidad exclusiva de producir incrementadas ganancias para sus accionistas. La responsabilidad social suele sólo ser involucrada cuando se descubre alguna transgresión a la ley, como es el caso en el 2015 de la empresa Volkswagen sorprendida en el fraude del cumplimiento de emisiones para la protección del medio ambiente.

Los comportamientos familiares son el padrón de formación básica de la ética individual en donde el concepto de humildad que utilizará a futuro será puesto a prueba por las demandas de una vida empresarial y comunitaria.

El séptimo pilar básico de nuestra convivencia diaria debe ser:
SINCERIDAD

Este es un principio que realmente cuesta desarrollarlo y practicarlo.

La sinceridad no es algo inédito al alma humana.

Más bien tenemos esta idea un tanto distorsionada de lo que el tema de ser sinceros se refiere.

Nunca podemos decir totalmente la verdad en el intercambio diario de pensamientos en nuestras vidas.

En la mayoría de las interacciones cotidianas tratamos siempre de presentarnos como almas bien intencionadas y con un amplio criterio de aceptación y tolerancia, cuando llegado el momento de actuar procedemos de forma distinta a la cual hemos enunciando o expresado, según sea nuestra conveniencia del momento.

Más aun, la nueva Era Digital nos ha enseñado a cómo ser un ilustrado y bien intencionado fraude personal dentro de las redes sociales.

Nos disfrazamos con las mejores intenciones, en cuanto sólo tenemos como aspiración final la satisfacción exclusiva de nuestro propio gigante ego.

Si realmente deseamos construir una mejor sociedad, debemos comenzar por ser sinceros con nosotros.

Con fuerza y valentía debemos enfrentarnos con nuestros propios demonios y combatir en forma hidalga aquellas acciones que aunque nos puedan ocasionar un perjuicio inicial, al final de cuentas vendrán a comprobar que nuestras acciones son legítimas y no fraudulentas.

El Hidalgo Don Quijote de la Mancha es el más fiel representante de este comportamiento.

Solo siendo sinceros podremos decir lo que nosotros con toda integridad pensamos que es la verdad.

Pero nuestra verdad no es absoluta y total.

Ello significará el claudicar algunos principios cavernarios y actividades ilógicas en las cuales hemos estado actuando en forma contraria a lo que significa la construcción de una sociedad moderna, tolerante y conductiva al entendimiento de las desigualdades.

La sinceridad, en lugar a la cobardía de la mentira, vendrá a hacernos fuertes como individuos y al mismo tiempo humanamente más igualitarios.

De ahí que la sinceridad consiste en la libertad de expresar sin temores a las consecuencias las ideas y acciones que hemos cometido en su desarrollo y tener la hidalguía de enfrentarnos con las consecuencias que dichas actuaciones nos puedan traer, mientras demostramos una conducta tolerante que nos permita aceptar pensamientos contrarios a los nuestros.

La sinceridad debe ir acompañada de un alto grado de confianza por cuanto será de esta forma como conoceremos al verdadero individuo que está dentro de nosotros.

Nos dicen que la confianza se gana a través del tiempo, donde demostramos que nuestra conciencia y comportamiento son genuinamente sinceros y no se cubren con disfraces de ninguna naturaleza.

El octavo pilar de convivencia necesario es: GENEROSIDAD

Como solemos hacerlo en todo orden de cosas, actualmente contamos con la lista de individuos que en forma global son los filántropos considerados los más generosos del mundo.

Hay al menos 13 personas que hasta el año 2015 han donado a distintas causas humanitarias más de 100 billones de dólares americanos. Alguno de estos filántropos se han convertido en multimillonarios debido a la explosión de la Edad Digital, creando sistemas y algoritmos que han sido adoptados mundialmente por países, industrias e individuos creando imperios digitales con desmedidas ganancias.

Las acciones filantrópicas son realizadas por fundaciones, las cuales en su mayoría tienen dificultad para encontrar el manantial de desesperación humana en donde verter sus donaciones incluso con la utilización profesional de un relacionador público erudito en la materia correspondiente.

Estas fundaciones en su mayoría son establecidas con un buen propósito, y por ende cuentan en los países desarrollados con los consabidos beneficios de tasas de impuestos favorables, que les permiten tener aun mayor libertad en el uso de distribución monetaria a la caridad de su elección.

Pero la verdad de la materia es que mientras el crear imperios digitales-que han sido los creadores de dichas fortunas-es una función directa y lineal en su desarrollo, los problemas sociales mundiales tienden a ser más complejos de solucionar que la misma fórmula mágica con la que se creó el algoritmo multimillonario.

Reponer un sistema educacional que no cumple las funciones de elevar la intelectualidad de los desvalidos es de mayor dificultad que la creación de una aplicación computacional, ya que hay que trabajar con intereses e ideologías foráneas que no necesariamente están dispuestas a colaborar con una obra de relaciones públicas dentro de la fundación filantrópica.

A nivel individual debemos poder demostrar generosidad a largo plazo para realmente mejorar nuestra sociedad.

Hay que mantener en jaque a diario la avaricia y codicia que es demostrada por muchos industriales y capitalistas sin escrúpulos cuyo único interés es amasar ganancias extraordinarias y sin límites.

Esto es algo que como sociedad mundial debemos enfrentar y fiscalizar.

Los actos de generosidad genuina deben ser alabados, pero por otro lado esta generosidad debe ir acompañada de las acciones de pagar los tributos correspondientes y destinar excedentes de ganancias a acciones sociales que son necesarias para el mejoramiento de la aldea global.

Pensar que solo algunos afortunados, que son los mínimos, pueden disfrutar de todos los beneficios creados por los avances de la humanidad, al tanto que el grueso se debate entre la vida y la muerte es una materia que debemos tener presentes en cada ocasión que las redes sociales o los medios de comunicación masiva nos bombardean con actos de grandiosa generosidad.

La simple ecuación actual es que los humanos tenemos valor mientras entregamos valor monetario, y dejamos de tenerlo cuando no lo entregamos.

Debemos cambiar la ecuación, por cuanto generosidad no debe estar medida en funciones filantrópicas de altas finanzas, sino también por la generosidad demostrada por cada individuo en labores tan mínimas como ayudar a un desvalido que no conocemos y que no nos brindará absolutamente ningún beneficio personal.

El noveno pilar humano debe ser: COMPROMISO

El compromiso está con cada individuo en este planeta y al igual que los otros pilares, nace a nivel familiar.

Es la familia y su cultura la que va a inicialmente impactar la forma como nos vamos a comprometer a futuro con la formación de nuestra propia familia y su cultura.

Hasta el siglo XIX la familia era un compromiso formal que se iniciaba con una petición por una unión que debía ser formalizada primero en una Iglesia, con la bendición de un sacerdote y luego en la parte civil con un tribunal. La culminación era la reunión familiar en la cual se consumaba el compromiso que debía perdurar de por vida.

A partir de Enrique VIII en Inglaterra, quien decidió formar su propia Iglesia para poder establecer compromisos y romperlos a su deseado gusto, poco a poco hemos ido introduciendo en la sociedad moderna el concepto de compromisos a corto plazo.

Esto tiene su impacto en la sociedad ya que a partir de la misma iniciación de la familia no existe una unión paternal o maternal que vaya a perdurar durante nuestra vida y que será la guiadora de los futuros moradores de este planeta. Por el contrario. Las nuevas generaciones tendrán múltiples padres y madres postizas cada uno con su agenda personal.

Desde un punto de vista estrictamente psicológico, el impacto del divorcio sea este amigable o disputado, es bien conocido en lo que significa para los individuos en formación, quienes muchas veces son victimizados por los adultos dentro de sus disputas emocionales.

Sabemos que es esencial el poder mantener los compromisos. Caso contrario estamos enfrentados a una mentira permanente que termina por socavar la moralidad y la ética de la vida que mantenemos.

De ahí que los grandes compromisos sociales requieren leyes y jurisprudencia que fiscalicen su cumplimiento y que nos obliguen a tener pensamientos más profundos antes de aceptarlos.

Si no tenemos claro el concepto de familia y sus implicaciones posteriores, la pregunta es ¿porqué establecer una relación formal con matrimonios judicialmente establecidos, cuando al final nos vamos a divorciar, y volver a casarnos para intentar una nueva relación que tal vez nos lleve a un nuevo rompimiento de tal compromiso?

De alguna forma debemos llegar a una definición de cuál, es el compromiso que estamos adquiriendo, su validez y el impacto que una ruptura futura de dicho compromiso tiene para los hijos, que forman el núcleo familiar inmediato así mismo como para la sociedad.

El arreglo del planeta comienza con el compromiso de que nuestros hijos tendrán toda la protección emocional y física de los adultos hasta al menos su formación como adultos independientes.

El compromiso de ser adultos con responsabilidad debe estar más allá que el acto de amor a primera vista con su atracción sexual, que como por rebote deja a una mujer embarazada para traer a este paraíso o infierno a un nuevo ser humano.

El compromiso a largo plazo debe ser entonces la búsqueda en el mejoramiento de la calidad de vida, a partir de los padres de cada hijo con el respaldo de nuevos sistemas de enseñanza y filosofía del comportamiento en sociedad.

El décimo pilar debe ser: CONSTANCIA

Cuando las elecciones son múltiples, la dificultad de tener constancia de acciones se torna cada vez más difícil.

La variedad de posibilidades puede transformarse en una interminable secuencia de nuevas elecciones y acciones de cómo con la solución de nuestros deseos con una multitud de oportunidades sobre la cual decidir.

En todo ámbito de nuestro diario vivir nos vemos enfrentados con la obligación de elegir entre diferentes opiniones, ideas, comidas, forma de vestir, automóviles para comprar, viajes a realizar, relaciones humanas a escoger, trabajos a desarrollar, emociones por compartir, acciones en las que participar, y así sucesivamente.

Es difícil ser constante en un solo propósito cuando las golosinas por disfrutar son tan variadas y nos darán distintos niveles de satisfacción.

La multiplicidad de posibilidades nos llevan muchas veces a racionalizar erróneamente el motivo por el cual ejercemos nuestra elección ilógica y desmedida de lo que realmente es importante para alcanzar los altos niveles en la escala de nuestras necesidades básicas.

Sin embargo, sabemos que para realmente convertirnos en individuos progresistas, es necesario tener una constancia en las acciones de lo que podemos realizar en forma exitosa.

Las máquinas que hemos inventado precisamente nos recuerdan en cada función que realizan la necesidad de alcanzar el máximo de rendimiento con una constancia monótonamente repetitiva para lograr resultados eficientes.

Es algo que los humanos difícilmente podemos realizar, porque la monotonía se nos transforma en tedio, aburrimiento y carencia de estímulo para actuar.

De ahí que sea fundamental para la estructura de una buena sociedad, que en su mayoría los individuos que están laborando tengan excelente capacidad en lo repetitivo de acuerdo con funciones cotidianas muchas veces aburridas, pero que son totalmente necesarias para el buen funcionamiento de toda la sociedad civil.

Como humanos fácilmente perdemos el interés en lo rutinario. Necesitamos constantemente estimulaciones nuevas para reemplazar aquello que ya es demasiado conocido.

Ser consistentes en un propósito es un concepto que el mundo industrializado ha luchado en forma ferviente mediante el reemplazo humano por la automatización en labores de carácter repetitivo. Los robots nos entregan el gran beneficio a la abundante incorporación de bienes de consumo de mejores costos y segura calidad, a través de una constancia de propósito tediosa pero eficiente.

Esta automatización industrial pone presión en el consumo de materias primas debido al mejor manejo del desperdicio, lo que a su vez incrementa la producción y la sobreutilización de los recursos del planeta, al tanto que mantienen un impacto constante en las leyes financieras relativas al empleo total.

Los cambios constantes y el pensamiento financiero a corto plazo, son dos de los males superiores de la presente sociedad capitalista que crean la mentalidad de la ganancia a corto plazo a cualquier costo, incluyendo el derroche y agotamiento de los recursos naturales que nos dan la vida por sobre la utilización adecuada de los recursos humanos.

A nivel individual debemos ser capaces de demostrar cierta consistencia en el propósito de las cosas que a diario debemos ejecutar, incluyendo la monotonía de la vida familiar que en su desarrollo exitoso debe afirmarse en actos repetitivos de comportamientos predecibles.

El décimo primer pilar debe ser: RESPETO

Ninguno de los pilares anteriores tendrá validez si no tenemos un respeto por los principios fundamentales que nuestros antecesores nos han entregado para tener un comportamiento cívico y democrático.

El respeto es un pilar fundamental de la democracia para poder debatir ideas con las cuales mejorar las condiciones de vida de la familia, la comunidad y la nación.

Es fácil perder el respeto.

Eso comienza a nivel individual con aquellos que pierden su propio respeto y validez de lo que es su vida y su medio ambiente. Comienza generalmente a una temprana edad de acuerdo con cómo ese individuo fue concebido, en qué condiciones llegó a este mundo y cómo fue recibido por sus padres y familiares cercanos.

En distintas culturas el respeto tiene diferentes connotaciones.

Al igual que la verdad que adquiere distintos matices de acuerdo con su uso, el respeto tiene diferentes y múltiples interpretaciones.

Si para los occidentales es una falta de respeto la flatulencia después de una comida que lo ha satisfecho, para los árabes es una señal de alta apreciación por la merienda recién recibida.

El respeto puede ser demostrado con gestos o expresado con palabras.

Pero muchos gestos o actos físicos que son comunes a los occidentales pueden ser considerados como falta de respeto en otros lugares del planeta. Por ejemplo al saludar o expresar gracias a otro individuo en Japón, se considera un insulto si la persona de estatus más bajo no se inclina más que el que tiene un estatus superior. Otro ejemplo en esta materia es que en India los nietos saludan a los abuelos tocando los pies con sus manos. Eso se debe a que en ese país-de acuerdo con esa cultura-los pies son considerados la fuente de energía del cuerpo.

Esto nos lleva a la conclusión que el respeto es adquirido en cada cultura de acuerdo con un aprendizaje del comportamiento que comienza en el mismo momento en que nacemos.

Igualdad y justicia son dos aspectos de la vida en sociedad basado en el respeto que nos debemos tener como seres humanos.

De ahí que para mantener altos niveles de convivencia multicultural es necesario establecer un respeto a la jurisprudencia establecida. Dicho comportamiento se inicia a partir del individuo y su familia, en un marco de igualdad y transparencia que está en armonía y cuenta con la aprobación y el respeto del grueso de dicha sociedad

El respeto comienza en el hogar y luego se expande a la comunidad.

Es imposible mantener respeto en una sociedad cuando a nivel de familia hay situaciones de abuso; a nivel de comunidad las leyes prevalecientes y su jurisprudencia son llevadas dentro de un marco de corrupción; a nivel de trabajo los líderes de negocio, instituciones sociales, eclesiásticas y políticos son corruptos por sentirse superiores a sus propias creencias y dogmas; y en general, cuando nos sentimos impotentes ante los abusos del poder.

Por ello un estadista famoso dijo un día refiriendo al respeto que cada individuo debe tenerse: *Si realmente quieres conocer los motivos ulteriores de una persona, dale todo el poder que busca y observa su conducta.*

El décimo segundo pilar de nuestra sociedad debe ser: LIBERTAD

Libertad, se define como aquella facultad natural que posee el ser humano de obrar según su propia voluntad con una sincera expresión de su verdad sin restricciones.

También es posible comprender la libertad como aquel estado en el que un individuo no está siendo esclavizado ni encarcelado por sus ideales por otro individuo en posición de poder.

Estos conceptos hacen alusión a aquellos aspectos relacionados con la independencia del pensamiento y el libre albedrío que no es interferido o coartado por elementos de poderes políticos o religiosos.

El concepto de libertad lo identificamos con estar encarcelado, secuestrado o mantenido en cautiverio por la fuerza. Sin embargo, la verdadera libertad no es solo física, sino también consiste en cómo la comunicación es utilizada para imponernos una conducta, en cuanto son estos ámbitos los que hacen a una persona libre o esclava.

El concepto de libertad viene de los comienzos de la civilización y Jesucristo los encapsuló en el evangelio según Juan 8:31-32:

"Dijo entonces Jesús a los judíos que habían creído en él: Si vosotros permaneciéreis en mi palabra, seréis verdaderamente mis discípulos; y conoceréis la verdad, y la verdad os hará libres".

Por cierto, existe un eslabón férreo entre los conceptos de verdad y libertad.

Por ello yo me he atrevido a definir la libertad del individuo como la voluntad espontánea y su resolución para saltar sobre nuestra gran muralla de limitaciones e inhibiciones con la que nuestro ego nos encarcela, para explorar-sin temor a la reprensión o la vigilancia-un campo nuevo de experiencias donde nuestro ego y espiritualidad no volverán a ser lo que fueron.

Por ende para alcanzar dicha libertad no debemos estar sujetos a comportamientos dogmáticos dirigidos por instituciones ya sean estas políticas, religiosas o comerciales que nos obliguen a través de nuestras afiliaciones a actuar a veces incluso contra nuestros propios principios fundamentales de sentido común, respeto y decencia.

El décimo tercer pilar, pero no necesariamente el mas insignificante, debe ser: ENTUSIASMO

Al fin de cuenta para tener éxito en nuestra vida logrando poner en práctica los pilares anteriores, vamos a requerir para su logro muchísimo entusiasmo.

No solo nos va a bastar con aceptar nuestra mortalidad, ser libres y respetarnos, mientras observamos una constancia de propósito de lo que hacemos y nos comprometemos a colaborar, ser generosos en forma sincera demostrando humildad, comprensión, aceptación y tolerancia.

Deberemos impulsarnos con una energía interna de bastante empuje y para ello requeriremos abordar éticamente cada una de nuestras acciones con una gran dosis de motivación y entusiasmo.

De esta manera cada día cuando despertamos estaremos energizados en forma natural y sin la necesidad de estimulantes, para transformar nuestras ideas en acciones que nos permitan convertirlas finalmente en realidades.

Como principales protagonistas del guión diario que es nuestra vida tenemos ciertas obligaciones para con nosotros, así mismo como para con los que nos rodean.

Si aceptamos como principio fundamental de esta vida que cada uno se labra su dicha o desdicha convirtiendo esta estadía transitoria terrenal en el paraíso o infierno de acuerdo con lo que nos propongamos hacer, entonces una buena dosis de entusiasmo nos va a llevar a inclinar la balanza más al lado positivo que al negativo.

¿Qué es el entusiasmo?

Del griego *enthousiasmos* es la inspiración, ardor, fervor y pasión que nos produce un estado de euforia física impulsando a nuestra mente para energizar el cuerpo y canalizar una fuerza y energía vigorosa al resto de nuestros sentidos, para que la recepción de un sujeto o realización de una actividad sea completada en su totalidad.

En la antigüedad se pensaba que el entusiasmo era algo divino que *provenía del más allá*. Sin embargo, en la actualidad está íntimamente relacionado a un sentimiento de excitación y primordial interés como el entusiasmo que sentimos en nuestra expresión del amor, en el desarrollo de una labor de recreación placentera o en alguna actividad de entretención.

Si logramos llevar el entusiasmo a todas nuestras actividades, incluso aquellas que no son las más placenteras, el cambio que observaremos en nuestro comportamiento y los que nos rodean será positivo.

Incluso en la adversidad, el entusiasmo convertirá a cualquier individuo en un reconocido héroe.

El sólo hecho de estar aquí presentes nos hace únicos.

Aplicarle a esta extraordinaria oportunidad un par de gramos de entusiasmo es lo menos que podemos hacer en nuestro propio favor y por ende en la humanidad.

Para que el entusiasmo y la debida utilización del resto de estos pilares básicos que hemos estado analizando en el mejoramiento de nuestra sociedad se conviertan en realidades, es necesario que conectemos la mente con nuestro espíritu y el cuerpo, alcanzando su total bienestar.

Lograr convertirnos en el *individuo perfecto* dentro de nuestra sociedad requiere primordialmente que nuestro cuerpo funcione en forma óptima para lo cual ha sido diseñado, de tal manera que nuestra mente esté libre para expandirse en su totalidad con el buen uso del cuerpo físico.

Ello implica la continua mantención de nuestro cuerpo sano.

En ambas sociedades, la de la abundancia y la de la escasez, se nos presenta el dilema de cómo mantener nuestro cuerpo totalmente sincronizado diariamente, teniendo la vitalidad con la claridad mental para desarrollarnos y disfrutar de una mejor calidad de vida.

Este desconexión entre vitalidad corporal y mente sana es la que se expresa a diario en todas nuestras actividades creando tensiones y confusión innecesaria que últimamente se traducen en enfermedades y desequilibrios mentales.

Por ello antes de cerrar este capítulo con estos pilares, es necesario agregar la primordial necesidad de mantener nuestros cuerpos operativos mediante un ejercicio físico diario que debe estar coordinado con una alimentación adecuada para su buen funcionamiento.

Pensar que solo aplicando entusiasmo y utilizando el resto de los pilares de convivencia nos convertiremos en mejores ciudadanos de este planeta, sin escuchar a nuestros cuerpos, es pensar en una completa desconexión con nuestra realidad frágil corporal.

Por otro lado aquellos individuos que a diario están luchando solamente por sobrevivir, le es difícil practicar el entusiasmo diario. Esto es creer que Papa Noel vive en el Polo Norte todo el año planeando en qué regalo hacernos para nuestra próxima Navidad, el cual vendrá a completar nuestra felicidad.

Primero tenemos que analizar las incongruencias de nuestra sociedad.

No necesariamente aquel que vive con estos principios va a poder valerse por sí mismo por el resto de su vida.

A medida que envejecemos todos necesitamos ayudas externas.

Los sistemas sociales en los países industrializados para abordar los temas de la vejez están tan deshumanizados como estos mismos sistemas carentes en los países tercer mundistas.

Con el correr del tiempo, debido al cinismo que existe en la ayuda humanitaria, nos hemos deshumanizado al punto que realmente los que siguen de por vida un camino para salir adelante por sus propios esfuerzos hasta el final de sus vidas, pierden su entusiasmo y no son los ganadores.

En los países mas avanzados, los políticos y gobiernos para obtener el voto popular manejan las estadísticas de los servicios sociales sobre el cuidado a los de la tercera edad en lugar de encontrarle la solución de ayuda adecuada a cada persona de acuerdo con su necesidad del momento.

Debemos cambiar el pensamiento y la forma como estamos dispuestos a ayudarnos, para como sociedad íntegra evitar que los sistemas de ayuda social a los ancianos se expandan con una total falta de atención de las necesidades individuales.

Cuando la respuesta es institucionalizar a la vejez dentro de una burocracia social comunitaria, los trabajadores sociales y soporte medico pasan a ser un número más de empleados de una empresa de lucro, quienes prestan servicio de acuerdo con las demandas financieras y políticas del momento para salvaguardar las estadísticas.

Aquí rápidamente muere el entusiasmo del paciente/cliente y se convierte en un sentimiento de rabia con el debido abandono familiar.

Solo cuando logremos establecer una sociedad con un humanitario soporte familiar y profesional que mejoren la calidad de vida con relación a la necesidad personal de cada mayor antes de morir, y no a cumplir metas estadísticas de una institución que lo otorga, podremos comenzar a utilizar todos estos pilares que hemos estado discutiendo.

Esto nos permitirá crear un espacio en nuestras vidas con la debida seguridad de que no es necesario ser iguales pero sí que estamos protegiendo la integridad de cada persona con un sentido ético que dignifique la estadía en este paraíso.

Ello nos ayudará a explorar el total uso de nuestra racionalidad y un entusiasmo de vida hasta el día de nuestra muerte, cimentando nuestro compartimento con sentido común y llevando a la práctica en forma permanente la utilización de los pilares de convivencia.

La cuenta final

No se aceptan cheques

"Soy responsable de lo que escribo, no de lo que entiendas"-Anónimo

Los pilares fundamentales del comportamiento humano son primordiales para la sobrevivencia de la raza y del planeta que habitamos.

Sin duda ayudarán a cada individuo a disfrutar de su medio ambiente, convirtiendo su temporal permanencia en un verdadero paraíso en lugar de un infierno.

Pareciera que esta receta contiene los suficientes ingredientes para solucionar nuestros problemas de convivencia terrenal y encausarnos por la ruta de la infinita dimensión del universo externo que recién estamos experimentado.

La dificultad está en nuestro comportamiento diario, por cuanto continuamente le cambiamos las cantidades a los ingredientes y modificamos la temperatura ideal para hornear esta buena receta.

Hablamos de transparencia. Pero en cuanto algún poder es escrutado en su comportamiento, nos volcamos a amordazar al individuo que tiene la valentía de la crítica utilizando cualquier martingala dentro de la escala del poder.

Politizamos las organizaciones fiscalizadoras del comportamiento social y ético de las profesiones de carácter público y con ello abrimos las puertas para que los poderes políticos y económicos encadenen la auditoría independiente para la que fueron creadas.

La transparencia de la cual la presente sociedad occidental se vanagloria y habla, debe estar cimentada por el comportamiento diario que practica cada uno de nosotros dentro de la contextura social, ya seamos Juanito Perez, Presidentes de una Multinacional o de una República o de un Imperio.

En la medida que amordazamos los medios de comunicación y politizamos las éticas profesionales, eliminamos la transparencia social y nos convertimos todos en unos cínicos y mentirosos.

A nivel individual, dada las circunstancias, sabemos cómo estirar las verdades, destruir evidencias y comportarnos como los verdaderos animales de la selva que aún somos.

Tratamos por todos los medios de obtener ventajas en las debilidades de otros individuos.

Ensalzamos nuestro poderío a través de armas físicas y mentales que utilizamos para adquirir ventajas sobre nuestros hermanos.

Manipulamos los pilares de convivencia para lograr nuestros propósitos de mejoras a nivel económico y convertir a quienes nos rodean en nuestros enemigos a los cuales tratamos de someter por la razón o la fuerza.

Nuestros principios éticos los almacenamos convenientemente de acuerdo con las circunstancias y con ello establecemos la gran política de la astucia o pillería, de la cual nos jactamos y con ello impulsamos los niveles de corrupción que llegan hasta los ámbitos más elevados de nuestras estructuras políticas, sociales y eclesiásticas.

A sabiendas de esta conducta ególatra es que hemos creado instituciones cuyo propósito es mantener en orden cierta disciplina en la conducta diaria.

El papel que debe cumplir la policía y los militares como representantes de la ética incorruptible y fiscalizadores de las masas populares, es uno que debe proteger de los abusos del poder a todos los individuos de la aldea global cualquiera sea su condición económica, genética o espiritual de las manipulaciones de los estados que se jactan de igualitarios con base de jurisprudencia.

Con las tensiones de pandemias, culturales, raciales y étnicas en aumento dentro de los orbes mas avanzados, el gran cambio que debe haber dentro de los niveles policiales y militares, es el de convertir dichas milicias en protectoras de la dignidad humana, en lugar de instituciones al servicio del poder económico y bélico dedicadas a aniquilar cualquier demostración de iniquidad.

En este aspecto la protección de estas instituciones al estado de derecho no es un matonaje desmedido y sin control, sino un respeto, aceptación y tolerancia por cada individuo de la aldea global independiente de su nacionalidad o dogma.

Si hablamos de una aldea global, entonces no hay diferencias en el trato de los 7 billones que en la actualidad la habitamos.

Todos estos pilares son comportamientos humanos de sentido común.

Su práctica e implementación debieran ser simples, por cuanto no hay mucha novedad en lo expresado anteriormente.

Más bien, es un resumen de cómo debemos actuar individualmente en una sociedad que intenta equilibrar las desigualdades y facilitar el crecimiento basado en el esfuerzo personal.

Con esa meta es que, sin lugar a dudas, en los últimos dos siglos hemos cambiado fundamentalmente la forma como nos relacionamos y pensamos.

Lo que era una conducta ética en la formación de una familia a principios del siglo pasado es interpretado hoy de una manera diferente.

La formación de nuevas familias estaba basada en el concepto del matrimonio entre un hombre y una mujer. Este tipo de vínculo tanto civil como religioso era considerado la fundación misma de la familia y por ende del estado, y este debía tener una duración indisoluble y de por vida.

El divorcio era considerado en la mayoría de los países como un acto ilegal e inaceptable, al igual que eran las manifestaciones de homosexualidad existentes.

En la actualidad los divorcios son habituales y universales de las parejas, el matrimonio ha pasado a ser una institución de dudosa reputación y sobrevivencia, al tanto que la homosexualidad se ha transformado en un símbolo político de aceptación y tolerancia.

Esto ha llegado al punto que en los países industrializados se ha tenido que generar leyes y jurisprudencia para regularizar la vida de parejas heterosexuales y homosexuales en su comportamiento como tales, ya que de no existir un vínculo civil que los ate a ciertas conductas, deben existir leyes y obligaciones ante la expectativa de proteger al más débil llegado el momento de una ruptura de aquel compromiso de unión.

Al no existir un compromiso civil y religioso de un lazo difícilmente disoluble, es fácil un día no regresar al hogar que se ha formado debido a que uno de los contrayentes tiene una nueva pareja.

Este gran cambio está comenzando a tener impactos sociales de repercusión en la forma como enfrentamos la vida a nivel de individuo y familia.

No solo la estructura familiar está cambiando.

También el mundo exterior del comercio y la industria está en continuo vaivén.

A nivel de nación, a partir del 2008 los economistas mundiales se han dado a la tarea de tratar de encontrarle una solución a la economía capitalista que llegó en ese momento a su propia realización, y que estamos al final de una ruta de gran expansión con un inmenso abismo financiero similar al Gran Cañón del Colorado delante de nuestros ojos.

Con la comprobación del fracaso del comunismo y socialismo como solución igualitaria en el ámbito económico, el capitalismo se ha convertido en la panacea del individualismo desmedido y la manipulación financiera.

Por más que hemos intentado a partir de fines del siglo XX volver a pavimentar la ruta llena de baches y hoyos profundos en los sistemas económicos, poniendo diferentes nombres y letreros a nuestros dramas financieros, el abismo aún está frente a nosotros sin moverse. Impávido. Esperando el siguiente descalabro de malversación financiera para que caigamos en una depresión económica de tal magnitud que nos lleve a nuestra propia destrucción, sin que ningún enemigo nos ataque.

Continuamente le cambiamos el nombre a este precipicio.

Inicialmente fueron las depresiones económicas a principios del siglo pasado, las que luego se comenzaron a llamar ajustes económicos y los que en la actualidad se denominan como retardos en el crecimiento económico.

El Covid-19 paralizó la economía mundial occidental a principios del 2020 para darle un respiro a los gobiernos endeudados y financieramente quebrantados, y así tener una explicación de sobrevivencia a un neoliberalismo que no parece tener solución a las desigualdades cada vez mayores entre los que tienen y los que no tienen.

Las alzas y caídas en los valores bursátiles son el preámbulo de una cadena de nuevas caídas económicas catastrófica. Estas continuarán sus ciclos hasta cuando el crecimiento de la economía mundial llegue a su límite debido al sobreabastecimiento para los que tienen dinero para estimularla, y la falta de consumidores por la enorme población mundial que vive al margen de la subsistencia.

El padrón oro ha sido debidamente expulsado de las finanzas mundiales, para permitir que los bancos centrales de los gobiernos primer mundistas emitan dinero en la manera que sea necesaria para salvaguardar las crisis inflacionarias mediante emisión monetaria y bajo intereses bancarios.

Hemos creado círculos de pensadores, escuelas de alta economía, magistrados para los nuevos y futuros líderes, nuevos algoritmos digitales para calcular los distintos escenarios financieros y un nuevo sistema monetario digital, sin aún poder distinguir las bases de una nueva y más brillante economía de mercados.

Hablamos de un capitalismo neoliberal en crisis, con un sistema monetario que es manipulado por los poderosos del mundo.

Posterior a las guerras mundiales del siglo pasado el neo liberalismo basó su progreso en la medición del Producto Nacional Bruto que salvaguardaba el tesoro nacional, pero que ahora esta siendo debidamente manipulado para cubrir los grandes déficit gubernamentales de los países industrializados. Los inversionistas inescrupulosos y sin debido control han producido un derretimiento financiero mundial, al tanto que los dueños de capitales han formado su propio club exclusivo sin fronteras para salvaguardar sus intereses y luego ser expuestos al descubrimiento de dichas manipulaciones por los Papeles de Panamá.

Lentamente los sistemas de Salud Pública y Educación se han ido desbaratando. Los niveles de pobreza continúan creciendo. El guetismo habitacional está en aumento. Las clases minoritarias en crisis financieras y ahogadas en intereses por las tarjetas de crédito, están pasando a ser mayoritarias en lo que se refiere a sus niveles económicos deteriorados, que continuamente disminuyen hasta convertirlos en los nuevos esclavos de nuestros tiempos.

Hemos creado la cryptomoneda para estimular negocios a través del Internet.

Las tarjetas de plástico que han pasado a reemplazar al papel moneda, se han popularizado acelerando de esta manera el endeudamiento individual que asfixia a la clase media laboral.

¿Será a lo mejor que no existe una solución simple?

¿Será que somos sociedades tan complejas que no hay tal solución?

¿Qué es lo que debemos hacer para comprimir el abismo de tan enorme cañón de desigualdad y lograr tapar el precipicio que nos permita holgadamente pasar al otro lado del crecimiento económico capitalista, donde el campo verde nuevamente nos espera?

¿Qué cataclismo ha creado tan enorme brecha que nos impide continuar con nuestro avance?

El precipicio es fácil de identificar.

El fondo ancho y oscuro de este abismo se denomina pobreza humana, que es el actual principal motor de los estallidos sociales ocurriendo en distintas partes del planeta.

Billones de seres desesperados sobreviviendo y muriendo en el mismo infierno en forma diaria sin conseguir los elementos básicos para la subsistencia, los cuales se han convertido en la presa fácil del narcotráfico.

Los gobiernos han creado ministerios para intentar encontrarle una solución a los millones que viven en las calles de las mayores ciudades del globo.

Tal vez la solución sea tan simple como eliminar la pobreza en lugar de preguntarnos continuamente: ¿qué hay de malo con este cuadro?

¿Será a lo mejor que el abismo de pobreza que constituye alrededor de un 80 por ciento de la población mundial, es el que ha creado este Gran Cañón con una zanja tan profunda que impide el volver a nivelarlo para que el campo de todos sea nuevamente fértil y amistoso?

¿O tal vez así es como siempre ha sido y continuará siendo el mundo? Con matonaje, manipuladores, abusos de poder y corrupción.

Lo que si tenemos identificado es que la presente economía capitalista, basada en un consumismo sin límite para los que aún pueden abusarla, es sin lugar a dudas la principal responsable del desastre ambiental mundial que está cambiando el clima, aire que respiramos, la comida que ingerimos y el agua que bebemos.

Esta economía es la que solo beneficia a menos del 10 por ciento elitista de privilegiados que tienen capital para jugar dentro de los parámetros establecidos por los mercados bursátiles mundiales y que esté llegando al final de su recorrido.

El 90 por ciento restante de la población mundial no tiene ningún papel que jugar en lo que suceda en los mercados de capitales de Hong Kong, Tokio, Londres, Nueva York, Chicago o Toronto.

La solución a la economía capitalista podría entonces ser la simple creación de un mecanismo financiero global destinado al balance del crecimiento de la población mundial por región, la erradicación de la pobreza, alimentación nutritiva igualitaria, la construcción de vivienda para los desamparados, el acceso a salud y educación básica para todos.

Esto debiera ser el mandato único de la Naciones Unidas con una robusta fiscalización mundial para su implementación, en lugar del circo internacional político en que se ha transformado esta institución mundial.

El éxito de la economía no debiera ser medido solo por los índices de aumento de los mercados de capitales basándose en cuantos actos terroristas hemos exitosamente aniquilado, sino en el número de individuos a nivel mundial que a diario son incorporados al sistema capitalista vigente a través de los nuevos barómetros discutidos en el párrafo anterior.

Un buen marcador diario que el buscador Google en Internet podría tener en su página de apertura es la medición diaria del crecimiento de la población mundial, así mismo como el ingreso per cápita y el número de individuos viviendo en la pobreza. Esto crearía una conciencia mundial del desequilibrio y como lo estamos solucionando.

Este tipo de solución económica tiene que ir de la mano con el mejoramiento individual de cómo nos comportamos los unos con los otros como la razón fundamental de nuestro existir.

Esta receta no es algo nuevo.

Aún existe un dilema más profundo de sustentación.

Los expertos nos dicen que la población mundial en el 2016 estaba en los 7 billones de personas que habitan este planeta.

También han calculado que si le encontramos ahora la solución al capitalismo actual para darle acceso al grueso de la población mundial a un sistema de vida igualitario como el del término medio de los europeos, el planeta solo podría sustentar 2 billones de personas en esas condiciones. Los otros 5 billones continuarían sin acceso a los elementos básicos muriéndose de hambre.

La explotación de los recursos naturales actuales que no se renuevan, pero sí que hacen placentera la vida moderna de los países industrializados a la clase privilegiada y media mundial, solo alcanzan para mantener a un máximo de dos billones de personas en este planeta.

Es decir, que antes de elevar el sistema de vida de los pobres, debemos corregir todos los elementos básicos como lo son los tipos de energía que utilizamos, la protección en la provisión de aguas puras, los sistemas agrícolas orgánicos para no agotar al planeta de los recursos fundamentales que nos da la vida y una sustentación y explotación adecuada del medio ambiente.

De acuerdo con Organización Mundial del Balance de Población en Estados Unidos, el cambio climático sólo va a contribuir al problema de sustentabilidad en la disminución de la oferta de productos agrícolas. El real dilema básico está en la sobrepoblación y el exceso de consumo de los presentes países industrializados.

Primero debemos equilibrar los elementos básicos con el enorme desperdicio humano creado por la egolatría de satisfacer necesidades superiores, que son totalmente innecesarias y que atentan con destruir el medio ambiente en que vivimos.

Segundo, debemos mantener un balance en la población de este planeta nivelando las necesidades básicas hasta que tengamos los recursos necesarios para aumentar su población sin destruir el medio ambiente que nos da la vida.

Tercero, necesitamos ponernos la mano en el corazón y declarar en voz alta cuál es nuestra verdadera intención del diario vivir e impulsar los avances científicos necesarios para poder compartir el planeta entre los 7 billones que actualmente lo habitamos.

CREENCIAS, DOGMAS Y RITOS

Desde nuestros comienzos como humanoides nos hemos distinguido del resto del reino animal por haber establecido un sistema de comunicación, con memoria que nos permite observar, formular ideas creando conclusiones y leyes por las cuales regirnos.

Nuestro cerebro posee una memoria de larga duración capaz de formular raciocinios de las observaciones diarias y archivarlos para su posterior ocupación en el mejoramiento de las condiciones humanas.

Esta capacidad nos facilita el desarrollo de creencias, o conjuntos de ellas con las cuales podemos formar agrupaciones.

A medida que nuestra inteligencia ha evolucionado de una generación a la siguiente, estas creencias se han ido cimentado en la forma como actuamos y hemos podido agrupar ideas con proposiciones útiles para el comportamiento de nuestros herederos.

Muchas de estas ideas son firmes proposiciones que como conjunto de ideas adquieren un significado potencial de una verdad absoluta, muchas de ellas sin la intención de ponerlas a prueba para comprobar su real validez.

Las primeras formulaciones han sido tratar de explicar el interrogante de nuestra existencia.

De esta forma hemos acumulado a través de la historia instituciones que se constituyen en un poderoso elemento cultural y/o social que justifica la identidad y el comportamiento de los individuos, quienes por sus creencias similares actúan de acuerdo con sus doctrinas.

Las iniciales creencias del grupo se han ido cimentando y derivando en dogmas, misticismo y rituales que vienen a definir la moral y conducta de aquellos individuos en busca de lo que genéricamente hemos denominado como ¨*el hombre perfecto*¨.

En el 2016 estamos invadidos y segmentados por dogmas, ideologías y rituales que en lugar de unificarnos, nos dividen en complejas sectas, clubes, sindicatos y religiones.

Cada una de estas agrupaciones luchan por conseguir la mayor representación para adquirir el poder necesario que las lleve a imponer sus creencias e ideologías en quién es el único dueño de aquel suscitado enviado, que ha venido a enseñarnos la gran sabiduría de este hombre perfecto, y que podría haber sido concebido de acuerdo con uno de los dogmas a través de una Inmaculada Concepcion.

En nombre de muchas de estas creencias hemos inmortalizado líderes, que utilizando las leyes establecidas por dichos dogmas y ritos, han concebido y ejecutado acciones de atrocidad sin escrúpulos, para luego justificarlas en nombre de mandatos de índole superior y pasar a la posteridad de la raza humana siendo evangelizados, canonizados y elevados a niveles de leyenda urbana por el cumplimiento y ciego seguimiento de dichas creencias sin ningún cuestionamiento de su validez o significado para sus propias vidas.

Estamos rodeados de mitos científicos, religiosos, políticos y conspirativos, muchos de ellos transformados en leyendas o supersticiones que a la larga sólo pueden ser una panacea temporal para el real dilema de nuestra estadía en esta vida y la verdadera razón por la cual nos encontramos en este planeta.

Muchas de ellas son solo presunciones que a través de generaciones se transforman en aseveraciones que son aceptadas como verdades cuasi científicas afirmando principios que se estiman como clarividentes y ciertos.

Aquí se presenta una gran fisura entre lo netamente científico y aquello que es tan solo dogmático o místico, pero sin pruebas irrefutables de sus principios, y con pronunciamientos basados en una fe no expuesta a una prueba de veracidad, sino más bien a una aceptación sin cuestionamiento.

Para realmente llegar a solucionar nuestro dilema sobre el enigma de nuestra procedencia y el propósito de nuestro real paso por este mundo, muchas veces optamos por el camino de la solución de parsimonia aceptando dichos dogmas y ritos en primera instancia, los cuales nos permiten dormir tranquilos y despertarnos cada día para continuar nuestra diaria rutina.

Pero ¿existe este hombre (genérico) perfecto?¿Puedo yo constituirme en aquel personaje o estoy destinado a un comportamiento meramente animal y físico?

Científicos, dogmáticos y místicos luchan a diario por encaminarnos a la fuente de la creación y mantención de este hombre perfecto.

Queremos pensar en la real existencia del Salvador del mundo, aquel que ha sido elegido por una fórmula indefinida y protegido por todos los dogmas, por cuanto trasciende más allá del devaneo de nuestro diario vivir.

Por un lado el místico busca dicha perfección a través de la purificación del alma y del ego, al tanto que el dogmático lo hace a través del estudio y la reflexión, y más recientemente el científico, a través de la experimentación y la demostración.

El camino hacia dicha perfección generalmente parte de una introspección profunda que nos permite aclarar la mente para utilizar un lógico racionamiento deductivo que nos lleva a verdades irrefutables.

Estas verdades se han manifestado en leyes o pilares fundamentales de nuestra existencia, descubriendo en su proceso que este es un camino sin final, cuya destinación aún estamos tratando de definir.

De ahí la constante búsqueda por esta perfección que tratamos de encontrar bajo la guía de un gran maestro, el cual nos permita tener una transición pacífica entre nuestra vida y nuestra muerte.

Todo dogma y misticismo, a través de ritos muchos de ellos ilógicos e inexplicables, buscan de una forma u otra alumbrarnos el camino hacia dicha perfección.

Diferentes clases y castas de los muchas veces autodenominados gurus, líderes espirituales, maestros o emisarios de un Ser Perfecto, se nos presentan para ayudarnos en más de una ocasión a resguardar nuestra sanidad mental o imperfecta imagen física de una sociedad que nos parece una real hipocresía. Al sentirnos abandonados mientras nos debatimos entre pensamientos de amor por el prójimo, la libertad y la justicia individual, nuestras reales acciones diarias nos llevan a una autodestrucción y flagelaciones típicas de una mente que se ha perdido entre las verdades y las mentiras.

¿QUIEN ES EL REAL ENEMIGO?

Nos estamos paulatinamente sumergiendo nuevamente en un océano de odio y temor creado por nuestros líderes, y que en sus profundidades más inmensas, están íntimamente ligados a diferencias raciales, étnicas y culturales, tal cual fuera en los tiempos pasados.

La diferencia hoy es que todos estos acontecimientos están íntimamente conectados, por aquella misma situación de poder que antiguamente pertenecía exclusivamente a las castas monárquicas y que es hoy manejada por los que manejan las economías internacionales.

Otro hecho diferencial, es que con el advenimiento de la edad digital, estas conexiones pueden ser identificadas y publicadas con los jugadores que están fabricando dichas conspiraciones, que con hábil manipulación digital pueden ser disfrazadas y/o inculpadas a aquellos que podemos declarar en forma fácil e incluso inocente, como nuestros reales enemigos.

A partir de la Segunda Guerra Mundial desde la década del 1940, hemos cada diez años identificado a aquel enemigo del imperio, con el cual iniciar algún conflicto que nos mantenga preocupados de cómo destruir a tal villano.

Hemos evolucionado de la Guerra Fría a una nueva Guerra Santa, de un terror comunista a uno islámico. Hemos aniquilado a villanos tales como Salvador Allende, Che Guevara, Hector Noriega, Saddam Hussein, Idi Amin y Osama Bin Laden.

Y como lo decía la iniciación de la radionovela Ojo de Aguila de la voz de las Américas en la década de 1950: *Y para aquel que intente esclavizar o destruir a las Américas, tiene esta advertencia... nada escapa al Ojo de Aguila.*

A partir del 2017 nada escapa a Donald Trump y su preferente equipo gobernante de la nación más poderosa del planeta.

El nuevo Presidente del Imperio Norteamericano intenta cumplir con su promesa a más de 60 millones de americanos que lo eligieron para que *America esté por arriba de todos.*

La mejor forma de contener a los malvados hispanos es edificar una muralla entre Texas y México, más grande que la muralla China. Mientras se retiene a los ilegales inmigrantes, el

Imperio continuará la explotación de los recursos naturales del tercer mundo, al mismo tiempo que destruye cualquier pacto económico anterior que haya beneficiado a otro país.

El populismo está haciendo su nuevo gran avance gracias a los demagogos que, aprovechadores del libertinaje propiciado por la edad digital con herramientas como Twitter, están colaborando para quebrantar el sistema institucional legislativo y judicial que rige en la mayoría de los países del globo. Esto está propiciando que la nueva generación experimente un resurgimiento del odio al sistema gobernante y empresarial tradicional.

Este odio está siendo fermentado por un temor hacia lo que es distinto, volviéndonos nuevamente a nuestras actitudes de clanes, donde la ignorancia promueve la discriminación y la violencia.

Podemos revisar la historia de la humanidad cualquier año o década de siglos pasados y presentes, para percatarnos que desde los tiempos de las cavernas a la actualidad, a pesar de haber logrado grandes avances para mejorar nuestra estadía en este globo, en lo esencial aún estamos estancados dentro de nuestros prejuicios y principios basados en dogmas cavernarios.

El poder de la riqueza acumulada ha sido desde los comienzos de la vida en grupo, un mandarín de las costumbres y las culturas. En la actualidad hay muy pocas cosas que el dinero no puede comprar.

El capitalismo ya lo hemos definido como el sistema individual en el cual cada persona sin interferencias externas, crea algún valor para otros, el cual le generará ganancias para satisfacer su propio ego y jerarquía de necesidades.

Si el mundo capitalista que hemos creado como un símbolo de nuestro gran reconocimiento individual basado en una economía de mercado es nuestra gran meta por alcanzar, entonces cada uno de nosotros nos hemos convertido en mini sociedades de mercado.

El abuso del poder financiero y la desmedida egolatría de los que la manejan por un lado, han creado estructuras y organizaciones basadas en actividades predominantemente lucrativas, y por otro lado, nos han convencido de que nuestro éxito individual es medido por el nivel de consumismo que logramos con relación al dinero acumulado.

Cada uno de nosotros viviendo en el privilegio del exclusivo club de los países industrializados cae en esta cínica forma de vivir, donde cuanto más cosas podamos comprar más importantes nos sentimos, y más difícil es cambiar nuestro comportamiento.

Los líderes de los países tercer mundistas, desesperados en no poder sacar a sus pueblos de la pobreza, tratan a la manera del antiguo conquistador, de usurpar las pertenencias explotadoras de sus tierras de los países más avanzados.

Los bienes materiales están sobreponiéndose a las relaciones humanas en el mundo occidental, debido al exclusivo fin del lucro que se ha apoderado de aspectos básicos de nuestra sociedad, incluyendo la Educación, la Salud e incluso la elección de representantes de gobierno.

Tratamos a diario de volver a inventar desde arriba gobiernos, instituciones y empresas en las que participamos utilizando un racionalismo exagerado y tergiversado, que es conductivo a convertirnos en sardinas en lugar de humanos con una razón propia.

Continuamente estamos creando modelos nuevos basados en modelos antiguos, los cuales los ornamentamos con pinceladas de distinto calibre para engañar nuestra razón.

Los gobiernos en lugar de ser administradores del pueblo que representan, se convierten en organizaciones o casas de poder en los cuales la política está orientada a favorecer a quienes son sus fervientes seguidores, en lugar de administrar en forma eficiente y positiva los recursos de sus naciones para el beneficio de sus habitantes.

De esta forma cada uno de nosotros nos convertimos en nuestro real enemigo.

El proteccionismo del presente consumismo desmedido es en la actualidad el motor principal de las guerras y genocidios, todos política y jurídicamente justificados. Al final de cuenta los únicos que mueren son o los conejillos de india enviados ciegamente a combatir, que pasan a ser una estadística más, o las víctimas civiles que estaban en el lugar errado al momento equivocado. Todos ellos considerados como daños colaterales, en lugar de seres humanos tratando de disfrutar de sus vidas en este planeta.

El sistema capitalista de Adams Smith con sus refinamientos de grandes economistas como Galbraith, Keynes, Friedman, Samuelson y otros, parece estar llegando a su punto de ebullición.

Este sistema basado en un continuo crecimiento económico tiene su misma limitación en las mismas leyes de la oferta y la demanda por las cuales se ha regido, y parece ser complicado de alcanzar solo mediante el estímulo de la banca privada y la continua construcción de la infraestructura pública.

Cuando las ofertas solo pueden ser demandadas por menos de un tercio de la población mundial, dicho crecimiento llega rápidamente a su límite.

Este capitalismo individual vive dentro del capitalismo tradicional establecido por los grandes economistas, creando ahora un diferente concepto económico y político de lo que realmente tiene valor para cada uno de nosotros.

Por otro lado el sistema comunista y socialista no la ha hecho mejor, creando una panacea para los que están manejando el sistema al tanto que el resto sigue en las mismas condiciones desde cuando los enunciamientos de Marx, Stalin y Lenin prometieron solucionar todos los males del mundo con su sistema. La manera de dominar a los desvalidos en este sistema consiste en mantenerlos somnolientos en su mediocridad que ahora es compartida en forma común por todos.

En el lado occidental, basta con mirar los acontecimiento mundiales de los últimos años para darnos cuenta de que el crecimiento infinito, de acuerdo con las leyes capitalistas de abastecimiento y consumo basado en conceptos macro económicos no es tal.

He aquí una sinopsis mundial de cómo estamos tratando de hacer un mundo mejor impuestos desde arriba por nuestros líderes y que se constituyen en los principales hechos que sucedieron durante los años del 2015 al 2017.

❖ Reunión Mundial sobre el Cambio de Clima en Paris, Francia:

Los líderes mundiales en Paris estuvieron de acuerdo en diciembre del 2015 que las emisiones de carburo están fuera de control. Ello esta produciendo un calentamiento global que amenaza la sobrevivencia humana. Estos acuerdos se han venido ratificando a partir de mediados del siglo pasado con poca o ninguna implementación. Estamos conscientes de que las industrias mineras, petroleras, automotrices y químicas, son las principales contribuyentes de estas emisiones. La basura plástica existente en los océanos, las emisiones carburas de la energía fósil y las aguas contaminadas, son de tal magnitud que las próximas generaciones tendrán dificultad con respirar y abastecerse de agua pura. Donald Trump, Presidente de Estados Unidos piensa que esto es sólo un complot de China para tener ventajas sobre la industria americana. Entonces ¿cuál es el compromiso para detener tamaño desastre climático? Hasta el momento: ninguno.

❖ Salmones que desaparecen en Columbia Británica de Canadá:

El río Fraser en la provincia de Columbia Británica en Canadá que anualmente recibe más de 6 millones de salmones desde el océano, solo tiene no más de dos millones desde el 2015. En el 2012 la Corte Suprema de la provincia gasto 12 millones de dólares en un reporte para analizar el impacto del medio ambiente en la disminución de dichos peces cuyas recomendaciones jamás han sido implementadas. ¿Cuál es el compromiso de los gobiernos para detener la catástrofe pesquera en los océanos y lagos? Hasta el momento: ninguno

❖ Mercados bursátiles que cambian:

- Los mercados bursátiles caen violentamente en sus valores impactados por actos de terrorismo mundial, al tanto que su recuperación en los 30 días siguientes es fuerte y poderosa. En el 11 de septiembre del 2001, durante el ataque de las Torres Gemelas de Nueva York el S&P500 cayó 11.6 por ciento y se recuperó en menos de 14 días. En Paris Francia el CAC40 cayó 55 puntos el lunes 16 de noviembre del 2015 luego del atentado terrorista en el centro de esta urbe para recuperarse dos días después. ¿Es esta la forma que se financia el terrorismo mundial? Hasta el momento: no lo sabemos

❖ Vegetación y animales que vuelven después de un desastre nuclear:

El desastre nuclear de Chernobyl dejó sin vivienda y con radiación corporal que produce cáncer a miles de rusos que vivían en las inmediaciones de la planta termonuclear. La zona fue cercada, cerrada y abandonada por el gobierno soviético. Diez años más tarde en el 2015, animales y forestación nueva han emergido sin ninguna explicación científica en estos campos radiactivos. ¿Es este planeta más poderoso en su recuperación de lo que racionalmente planificamos? Hasta el momento: es la única explicación.

❖ 150 000 antílopes mueren inexplicablemente en Kazakstan:
Científicos mundiales han estudiado la causa de la repentina muerte de 150,000 antílopes durante el 2015. Luego de examinar los cuerpos de los animales se detectó que la causa había sido hemorragias severas internas causadas por saigas, una bacteria que siempre han tenido los antílopes. Los saigas debido a los cambios climáticos externos fueron atacados por otras bacterias infectando y produciendo masivas hemorragias mortales a los antílopes. ¿Será este un anuncio apocalíptico de lo que le puede suceder a los humanos debido a los cambios climáticos producidos por las emisiones excesivas de carburos y la energía fósil? Hasta el momento: parecemos ir por ese camino.

❖ Un millón de inmigrantes sirios quieren ser parte del mundo industrializado:
Sumergidos en guerras civiles, religiosas y conflictos internacionales que han destruido pueblos completos, un millón de sirios abandonaron sus tierras para forzar la aceptación de una inmigración masiva en los pueblos industrializados de Europa y Norteamérica durante fines del 2015. Debido al extremismo Islámico infiltrado dentro de los verdaderos refugiados sorprendidos en Europa y a la repercusión de los actos de noviembre en Paris, Francia, estos se han convertido en una pesadilla para los líderes mundiales en la justificación humanitaria de la aceptación de los reales refugiados. ¿Es esta la primera manifestación masiva del desequilibrio económico mundial existente ocasionado por un apetito insaciable de los países industrializados en su consumismo desmedido y por los

dueños del petróleo por continuar explotando los recursos de una tierra que nos les pertenece? Hasta el momento: no hay otra explicación.

✤ Los criminales y los terroristas se toman la primera plana:

Los criminales y terroristas extremistas son en la actualidad las noticias diarias del mundo de la televisión y los periódicos que aun siguen publicando. Los principales causantes de muertes violentas con armas y explosivos son individuos que han sido dogmatizados por una causa errada o producto de síndromes de guerra. Sin justificación lógica nos continuamos matando por diversas circunstancias, ninguna que pueda tener validez lógica. El terrorismo de los extremistas islámicos se ha apoderado de los titulares en los medios de comunicación en el 2015, al tanto que el número de víctimas por incidentes individuales, conflictos de maras, narcotraficantes y delincuentes comunes ha pasado a segundo plano. Sin embargo, en el 2015, los terroristas extremistas islámicos que han sido los principalmente reportados y cuyas víctimas se le asignan al grupo ISIS han muerto a 4609 personas, incluyendo 224 en un avión comercial ruso; 137 en Paris, Francia; y 14 en San Bernardino, Estados Unidos. Por otro lado en Estados Unidos exclusivamente los crímenes por armas que se venden legalmente han muerto a 12,727 personas. Si le sumamos las víctimas mundiales en países violentos como Congo, Honduras, México, El Salvador, Guatemala y Colombia, estos crímenes sobrepasan las 30 mil personas. Entre el 2014 al 2015 en Estados Unidos mataron a 25,392 personas. En el 2017 en México mataron a casi 30 mil personas. ¿Cuál es la verdadera razón de esta carnicería humana ocasionada por criminales y terroristas? ¿Quién proporciona el dinero para el comercio del armamento utilizado en este descalabro humano? Hasta el momento: parece que solo lucra la industria armamentista, la farmacológica y los narcotraficantes.

✤ Candidato presidencial de Estados Unidos en el 2016 desea detener inmigrantes:

Donald Trump candidato republicano a la presidencia de Estados Unidos declaró públicamente en el 2015 su visión contra inmigrantes mejicanos y su propósito de construir una muralla fronteriza para detener el constante tráfico ilegal humano desde el país vecino. También ha manifestado su desconfianza en los practicantes de la religión musulmana anunciando sus medidas de detener nuevos practicantes de dicha religión en su ingreso a los Estados Unidos. Estos pronunciamientos han tomado cuna entre aquellos que desean iniciar una nueva cruzada en contra de los mejicanos ilegales y los practicantes de la religión musulmana. Durante la historia de la humanidad sabemos que es ésta la forma como se inician los movimientos fascistas y de supremacía que tienden a dividir la raza humana entre los que pueden pertenecer a una clase de poder superior y aquellos que son declarados inferiores y deben ser encarcelados o exterminados. Es este apetito por el control mediante la intimidación y la violencia lo que ha detenido el progreso de la sociedad humana, provocando los más atroces genocidios, que una vez expuestos por los que aún preservan grados de decencia y sentido común, deben ser detenidos en la misma forma violenta. ¿Es esta la única forma de proteger la riqueza y combatir la pobreza? Hasta el momento: más de 60 millones de americanos partidarios de dicho candidato presidencial así lo piensan.

✤ Incremento en la enseñanza de violencia durante el 2016:

El odio racial y el incremento de inmigrantes tratando de establecerse en los países industrializados continuó durante el 2016. Hemos pasado de los bombazos individuales, a las explosiones suicidas de los *jida*s, a las masacres creadas por individuos solitarios, algunos trastornados por su participación en guerras equivocadas y/o síndromes mentales severos debido a las violaciones experimentadas en dichas guerras, los que los transforman en singulares criminales masivos. Los juegos infantiles de la edad digital están todos orientados a actos de violencia, siendo los vencedores de estas batallas virtuales aquellos que pueden matar a más oponentes antes de ser destruidos. Esto es lo que le estamos enseñando como un juego a las generaciones que vienen a continuación a ocupar los cargos de mando. Matar para obtener gloria y poder. La industria cinematográfica se ha sumado a dicha pedagogía y tiene en su cartelera constantemente la explotación de la violencia como una solución al abuso del poder. Los medios de comunicación y las redes sociales están contaminadas por los actos de violencia mundial. ¿Es este incremento en la enseñanza de violencia como solución a los problemas globales lo que queremos indoctrinar a las futuras generaciones? Hasta el momento: esto parece ser el sistema pedagógico de preferencia de los países industrializados, y que está siendo exportado al Tercer Mundo.

❖ Los líderes mienten en forma impune en el 2018

Michael Cohen, abogado personal del Presidente de Estados Unidos Donald Trump, se declara culpable de haber mentido al Congreso americano acerca del proyecto en Rusia del Presidente Trump. El Presidente Trump en un mensaje *Tweet* a través del Internet declaró que Cohen debiera ser severamente castigado y servir una sentencia completa por las nuevas mentiras. ¿Será la mentira la mejor forma de gobernar el país que se considera el más democrático y juzgador de lo que es correcto en el resto del mundo?

Conclusiones básicas

"Si A es B y B es C entonces A es C"-Razonamiento deductivo

La nueva actitud de la clase dirigente es manejar al mundo a través de los ojos de los ***drones*** que nos entretienen, nos espían y nos matan si es necesario.

Las reglas del juego son establecidas en las distintas sociedades e instituciones por aquellos matones que batallan por mantenerse en el poder, al tanto que lo que conocemos como democracia liberal, se sumerge en el lodo de la corrupción ahora expuesto a todos los niveles humanos por la nueva transparencia de las redes sociales. Los dueños de este nuevo poder electrónico pueden manipular gobiernos e instituciones y configurarlos como un grupo de individuos con éticas dudosas y sin escrúpulos en un elevado porcentaje.

Por ello las redes sociales están siendo abiertamente intervenidas y manipuladas por gobiernos e instituciones para controlar como la ***nueva verdad*** de la información es expuesta a las masas populares para volver a encadenarlas.

Por un corto tiempo el individuo tuvo acceso ilimitado al intercambio de libre expresión a través del Internet. Al ver el peligro que esto representaba, rápidamente se han establecido formatos de vigilancia y de control con el propósito de regular el flujo de información y por materias de seguridad nacional.

El sistema democrático de los declarados países primer mundistas está basado no en el gobierno del pueblo, sino en un sistema representativo cuya arquitectura está destinada a la creación de un templo sagrado en la mantención del statu quo.

Ello permite la manipulación eficiente mediante encuestas públicas de dudosos sistemas estadísticos, y de los medios de comunicación masiva, fieles editorialistas abanderados con algún partido político de mayoría y salvaguardador de dicha ideología.

Empleando la división territorial de conveniencia política (del viejo adagio: dividir para reinar) y de un cinismo indescriptible, se le ha negado a las masas populares tener una directa votación para de esta forma controlar los congresos donde realmente se maneja la legislatura de cómo gobernarlos.

En las elecciones para el Congreso de Estados Unidos del 2014, en el estado de Carolina del Norte la votación directa fue de un 51 por ciento para el partido Republicano y 49 por ciento para el Partido Democrático. Sin embargo, los Republicanos eligieron con dicha votación a diez representantes al tanto que los Demócratas solo a tres. Luego en las elecciones presidenciales del 2016 Hilary Clinton ganó la votación popular por más de dos millones de sufragios, al tanto que Donald Trump fue declarado el ganador de acuerdo con la representación del colegio electoral.

Las democracias neoliberales occidentales regentadas por un capitalismo financiero sin control sobre los empresarios y su ilimitado lucro, están en crisis.

Sabemos que el dilema del capitalismo moderno de los países industrializados está en mantener una fuerte ley de la demanda para un continuo crecimiento en el consumo. La crisis del petróleo es una fiel representación que cuando la oferta excede a la demanda los precios caen y el efecto dominó produce una crisis en las bolsas financieras que arrastran al resto del sistema en forma espiral hacia a una temporal recesión económica.

Los nuevos economistas están llegando a concluir de que a nivel global, el problema financiero de los países desarrollados está en el lado de la demanda y no de la oferta.

Las soluciones a nuestra permanencia en este planeta deben ser globales y no locales, por cuanto en su gran mayoría las soluciones locales son debidamente dirigidas para la protección de los pocos privilegiados en el territorio en cuestión.

China ha pasado a constituirse en la mayor fuente del crecimiento global en el lado de la oferta, la cual de a poco los países industrializados lo han tratado de equilibrar haciendo participe a otros países pobres como lo son Brasil, México y la India.

Mientras Estados Unidos se mueva políticamente de un extremo expansionista global a otro nacionalista, el péndulo económico continuará con su mismo vaivén.

La manipulación de campañas del terror y de elementos de culpa deben ser erradicados de las instituciones políticas y religiosas primer mundistas, ya que su incidencia en el mejoramiento económico de Estados Unidos y Europa es marginal y cada vez de menor credibilidad.

Cada uno de nosotros como individuos debemos practicar los pilares que nos unen en nuestras relaciones humanas a diario y cimentar nuestros derechos de ciudadanos como personas independientes, con nuestros propios defectos basados en una vida en este planeta que sea saludable, feliz, pacífica y complementaria para los que nos rodean.

Pensar que somos el centro del universo y que existe otro ámbito donde todos seremos iguales y libres con los mismos accesos a los placeres mundanos, es tan solo una creencia en la existencia de Peter Pan, Clark Kent (Superman) y el Hombre Araña.

La estupidez humana no es infinita, pero se ha transformado en un residente permanente de este planeta que hasta el momento la tolera sin prejuicios y con gran sabiduría. Su erradicación, para nuestra frágil sobrevivencia como raza está en cada uno de nosotros y debe partir con nuestra propia responsabilidad de comportamiento a nivel de individuo y reflejado en nuestras acciones diarias.

Debemos convertirnos en los principales defensores de la verdad científica, la honradez social política y la constante vigilancia en los abusos de poder con sus excesos en todos los niveles políticos y sociales, sin excepción.

La igualdad no está en que todos seamos sardinas, sino más bien en que todos seamos respetados y tengamos derechos igualitarios ante la injusticia y los abusos de algunos matones privilegiados que por su poder económico se autodenominan supremos poseedores de la verdad.

Si deseamos resumir en pocas frases las razones fundamentales de por qué estamos aquí me atrevería a hacerlo de la siguiente forma:

1. Somos animales mortales que estamos aquí por un tiempo limitado, divididos en dos sexos y múltiples razas/culturas desiguales a partir de nuestra constitución genética, que nos permite colaborar a diario para complementarnos;

2. Debemos constantemente recordarnos lo que somos, a través de una tolerancia y una justicia igualitaria sin opresión debido a nuestras diferencias y desigualdades;

3. Diariamente necesitamos educarnos en cómo actuar con sinceridad y respeto, utilizando los pilares básicos de nuestra existencia con una positiva actitud hacia las diferencias que tenemos;

4. Finalmente es nuestra diaria obligación el mantener nuestro ego bajo control con grandes dosis de entusiasmo, sincera generosidad y humildad-demostrando a través de nuestro comportamiento en esta corta vida- consistencia en nuestro propósito de proporcionar sustentación sana a nuestro círculo inmediato y las generaciones venideras.

Lógicamente lo más fundamental de toda nuestra existencia, tal cual lo cantaba Atahualpa Yupanqui en un principio de este diálogo es algo tan básico como lo que el cantante tan bien lo resumió:

"Si hay una cosa en la tierra más importante que Dios, es que nadie escupa sangre pa' que otro viva mejor".

OBJETIVOS DE LA VIDA

Este también es un tema para enciclopedias sobre la materia. Pero para este diálogo, utilizando la ley de parsimonia, lo trataré en forma simplista y a lo mejor un tanto ingenua.

Por cierto que es necesario tener bien claro cuáles son los reales objetivos de nuestra vida.

Pero parece tan obvia la respuesta que quién tiene tiempo para comenzar a cuestionarse su real motivo. He aquí algunas preguntas básicas sobre la razón de nuestra existencia.

- ¿Vivir la vida de otros?
- ¿Acumular poder y fortunas?
- ¿Poseer la mayor cantidad de bienes materiales?

Estas son las tres primeras que se nos viene a la mente.

Sin embargo, racionalmente nuestro objetivo inicial debiera ser sentirnos bien con nosotros mismos, tener salud y con ello ser feliz sin hacer infeliz a otro.

Pero la materia se complica cuando la consciencia y el comportamiento entran a inmiscuirse en esto de la felicidad y nos damos cuenta del papel importante que cumplen en este proceso de introspección.

La felicidad es un logro constante de por vida en lugar de una corta carrera a un destino final.

Un estallido de felicidad nos hace felices durante un diminuto espacio de tiempo. Cuando trasciende se torna obsoleto, ya no lo queremos y necesitamos otro mejor. Este tipo de felicidad pasajera se convierte en una droga y el individuo en un drogadicto de felicidades a corto plazo.

Para ser feliz lo primero que deberíamos hacer es conocernos a nosotros y tener claro qué es lo que realmente nos hace sentirnos continuamente felices.

Por ello podemos concluir que no es un oxímoron en que el grueso de la población de este planeta vive amargada porque no saben disfrutar del presente, de lo que está delante de sus ojos y de lo que los rodea.

Si el objetivo de la vida es ser feliz, hay que utilizar el tiempo que nuestros padres nos han regalado en lograr gozar con nuestros propios sentimientos y emociones positivas, rechazando y cuestionando todo aquello con preguntas a quienes nos dicen lo que debemos sentir y hacer a diario.

No hay destino ni Dioses que nos lleven por un sendero exclusivo de la felicidad mientras vivimos en este planeta. Este es un viaje más bien personal y solitario.

Individualmente debemos alcanzar ese estado.

Este solo se puede alcanzar si logramos independizarnos del mundo físico exterior que nos asfixia con tecnología, demandas y logros, que tan solo nos inhiben de alcanzar el interno estado de satisfacción personal que llamamos felicidad.

En nuestra continua evolución como seres humanos desde la materia, al cuerpo, al alma y al espíritu, debemos poder alcanzar estados de felicidad que nos darán una mejor calidad de vida diaria, sin tener que arrepentirnos en los últimos suspiros de nuestra vida de cómo fuimos tan estupidos de no realizarlo.

MIRANDO LA BOLA MAGICA

En el área de finanzas el concepto más aceptado en el rubro de inversiones es que ningún comportamiento pasado puede ser considerado como proyección certera del futuro. Es decir, si un portafolio de inversiones demuestra que en el pasado el grupo de acciones compradas dió una ganancia media de un 10 por ciento anual durante los últimos diez años, esto no significa que en los próximos diez años el retorno en la inversión va a ser necesariamente de un 10 por ciento.

Sin embargo, en los comportamientos humanos a través de la historia de la cual tenemos hechos debidamente documentados y un gran conocimiento de sus causas y efectos, sí podemos prácticamente pronosticar con una gran certeza cuál será el resultado de nuestras acciones de hoy en los próximos días y tal vez años.

Por ejemplo sabemos que el país líder del mundo industrializado, Estados Unidos de Norteamérica, tiene en el 2016 doscientos billones de dólares de deuda, que en la próxima década se convertirán en trillones. Es difícil pronosticar entonces que la situación financiera mundial va a ser próspera en los próximos 10 años, salvo que los gobernantes de ese país tengan una fórmula mágica para reinventar el capitalismo de su forma operativa actual.

A nivel individual desde que tenemos uso de razón comenzamos a percibir y luego a participar en un mundo lleno de hostilidades. A temprana edad aprendemos que existen los matones o los *bulis* y estamos obligados a encontrar la mejor forma de defendernos contra dichas acciones predatorias que no son de buen propósito.

Esto continúa a través de la vida. Ya sea en el hogar, el trabajo, en los deportes, en los momentos de entretención, en las instituciones, grupos o asociaciones que seleccionamos participar, siempre existen momentos hostiles o que los sentimos como tales y que se traducen en confrontaciones que pueden escalar a niveles destructivos.

Debemos encontrar alguna fórmula para poder enfrentar nuestros propios demonios y traducir acciones hostiles en acciones de comprensión y buena voluntad, con amplio criterio para ceder y negociar alguna de nuestras taras, buscando la solución de conflictos por vías más civilizadas.

Hemos estado dialogando acerca de muchas recopilaciones históricas y ellas nos pueden servir de modelo para emitir una opinión con cierta validez acerca de lo que podemos esperar en los años por venir de continuar con el matonaje y los abusos.

El liberalismo moderno que trató de globalizarnos a través de pactos comerciales, ha tenido su enfrentamiento con el populismo derechista, los sindicatos y la clase media de los países primer mundistas.

Esta clase media que ha vivido en la abundancia del consumerismo, también ha visto su posición económica deteriorar, con sus salarios y trabajos desapareciendo cuando los industriales son forzados a mantener niveles de productividad contratando producción de labor intensiva a los países del tercer mundo.

Los sindicatos laborales en su afán de incrementar los ingresos de sus trabajadores, han llevado a los industriales primer mundistas a movilizar dichas producciones a países tercer mundistas, donde los salarios son bajos y las leyes laborales muchas veces inexistentes.

Los nuevos líderes populistas del primer mundo han prometido a esta clase media restaurar sus trabajos y posiciones financieras a través de un resurgimiento nacionalista, un odio a los inmigrantes del tercer mundo y la promesa de una fortificación económica por el rompimiento de pactos comerciales con los países subdesarrollados.

Considerando que la clase media del primer mundo ha podido levantar su estándar de consumismo gracias a precios bajos que son el resultado de producciones principalmente en China, India, Bangladesh, Pakistán y México, este plan económico de nacionalismo es complicado.

¿Será este el mundo donde vivirán nuestros hijos, sus hijos y los hijos de esos hijos? ¿Mundos segmentados y divididos? ¿Diferentes sociedades donde estarán los poderosos con sus esclavos defendiéndose de los embates de la muchedumbre hambrienta y desvalida fuera de las murallas de sus fronteras?

El filósofo escritor ingles Aldous Huxley en 1932 publicó una sátira con predicciones del futuro indicando con gran certeza que en las sociedades industrializadas 600 años después de la puesta en marcha del ensamblaje en linea de automóviles inventado por Henry Ford, crearían en el laboratorio seres humanos que científicamente estarían catalogados como clase Alfa, Beta, Gama y subsiguientes.

Luego George Orwell nos predijo con gran certeza cómo el Hermano Mayor nos estaría constantemente vigilando para observar nuestro comportamiento con el noble propósito de construir una mejor sociedad.

Actualmente estas predicciones se han convertido en realidad.

Ahora nos debatimos en políticas y éticas al ver cómo en el área científica, el control de genes humanos en los laboratorios nos están permitiendo la creación de seres humanos con ciertas características preconcebidas y manipuladas antes de su gestación, que luego son artificialmente implantadas en el vientre materno para su embarazo.

Más aun, tenemos la capacidad científica para la gestación de células que nos permitan crear antídotos a ciertas enfermedades.

Aún no sabemos cuáles serán las implicaciones que estos seres gestados entre laboratorios y vientre maternos, que están en la actualidad creciendo en medio de una sociedad cambiante, tendrán cuando ellos se reproduzcan.

Lo que si sabemos es que el caldo de espermatozoides que en cuenta llegaba a los 25,000 en los actos de reproducción en el siglo pasado, ha bajado en los países industrializados a menos de 15,000.

También sabemos que el pronóstico de 600 años de Huxley para fertilización en probetas, sólo ha tomado 80 años en implementar.

La sátira de Huxley ya no es tan sátira como él la escribió, y más bien es realidad actual y futura. Sabemos que no todos nacemos iguales y que las diferencias pueden ser aún más relevantes y manipuladas con gran habilidad para continuar promoviendo una sociedad de Alfas, Betas y etcéteras.

Si hasta el siglo pasado esta selección era natural, ahora la podemos controlar y manejar de acuerdo con las necesidades de la sociedad.

La visión de espionaje individual por las fuerzas del poder que George Orwell nos pronosticó con certeza a mediados del siglo pasado es en la actualidad la utilización del GPS, las cámaras de vigilancia, la continua información del paradero de personas por su uso de internet, a través de satélites espías y los drones, las redes sociales, las transacciones bancarias digitales y el archivo de información genética al nacimiento. Utilizando el Internet, es factible el robo de toda clase de información personal incluyendo cualquiera transacción bancaria que ejecutemos, al tanto que la recolección de data a nivel de consumidor es utilizada en la manipulación de cómo pensamos, la entretención que preferimos, la comida que ingerimos o las necesidades del momento.

Esta vigilancia masiva continúa diariamente en su expansión.

Sólo los desvalidos sin importancia para los gobiernos, instituciones de poder policial o mercantil de este planeta no poseen un numero de identidad. El resto está catalogado de acuerdo con su educación, ingreso económico, preferencias de vida o ADN. Esta información se encuentra debidamente archivada y a disposición de quienes tienen acceso inmediato, dada cualquier situación en que se necesite establecer el paradero de algún individuo.

El síndrome del Hermano Mayor es real.

En finanzas debemos aceptar el hecho que el crecimiento económico a nivel de países continuará siendo lento, por cuanto hemos llegado al límite de la población mundial que cuenta con recursos económicos para participar en su continua expansión y consumo.

El número de individuos desvalidos en este planeta continuará exponencialmente aumentando, y a solo que cambiemos las funciones del dinero, la forma como medimos el éxito de los gobiernos y de las empresas, la clase sin recursos continuará sobrepasando en forma cada vez mayor a las clases media y alta, únicos participantes en el consumismo propiciado por el sistema capitalista actual.

Por otro lado, en materia científica estamos al borde de una nueva revolución en la medicina para la clase privilegiada, que en las próximas décadas permitirá la creación de una nueva súper clase humana de *amortales,* es decir individuos que vivirán eternamente mientras no se destruyan o eliminen debido a circunstancias externas a su control.

Gracias a las investigaciones y estudios del bio-físico canadiense James Till y el biólogo celular Ernest McCulloch, la posibilidad de los amortales no es ciencia ficción sino más bien una realidad en plena evolución y desarrollo.

En diálogos con mis amigos médicos me he informado que el desarrollo está bien avanzado en lo relativo a las células "stem", que permitirá la reconstitución de la mayor parte de los órganos humanos a su etapa de formación inicial adulta en la próxima década.

El impacto de este nuevo aspecto de la genética humana es que permitirá extender la vida de todas aquellas personas que en la actualidad sufren o son víctimas de cánceres y otras dolencias mortales, al mismo tiempo de rejuvenecer órganos y células en decadencia.

El deteriorado cuerpo senil podrá ser reparado continuamente y se sobrepondrá a los embates de las fuerzas gravitacionales que en la actualidad nos arrugan y envejecen durante nuestra ancianidad.

Al momento del cierre de esta edición la compañía Stemcell Technologies Inc., está cultivando 1500 diferentes tipos de tejidos humanos básicos para su venta a laboratorios y hospitales en más de 70 países que son la materia prima básica para la fabricación de las células stem.

Convertirnos en un planeta con una clase de amortales, innovadores, con tecnología de datos más poderosos que sólo demuestran que el mercado consumista ha llegado a su límite, empujará más a los desvalidos a tomar medidas de extrema violencia para forzar su aceptación dentro de la nueva sociedad con su exclusivo mercado de capitales.

Por ende las fuerzas migratorias que en estos momentos alcanzan a los 60 millones de personas, adquirirán un nivel epidémico que forzará a los gobiernos de países avanzados a establecer normas de protección aún más poderosas que las actuales.

Por otro lado sabemos que el cosmos del cual somos miembros, continuará en su metódica descontrolada expansión y en donde permanentemente se están formando millones de galaxias como la nuestra.

Sabemos que la estrella denominada Sol que nos da vida en este planeta, tiene su tiempo contado y que en algunos billones de años explotará en una Súper Nova que destruirá la vía láctea y sus planetas incluyendo el nuestro.

Por ello continuaremos intentado conquistar y explorar los confines del universo sin prestar atención al desgaste de nuestro planeta, ya que estamos seguros de que encontraremos otro lugar con el cual remplazar nuestra dilapidada Tierra.

Conocedores de la fragilidad en la que sustentamos la vida, los *amortales* desearán explorar el espacio profundo de las galaxias externas en la búsqueda de aquel nuevo planeta que sustente una vida similar a la que conocemos.

Nuestro cerebro continúa expandiendo el conocimiento adquirido por otros con anterioridad a nuestra existencia y con su evolucionada memoria crea nuevas máquinas facilitadoras de sus tareas para engrandecer su experiencia de vida.

El problema actual es que cuando alcanzamos tal sabiduría a través de la experiencia acumulada hasta cuando llegamos a ser adultos, a veces es demasiado tarde para poder realmente compartirla e implementar sus enseñanzas con nuestros herederos.

Por ello me he atrevido en estos últimos pensamientos a resumir en forma de prosa libre lo que significa tener en la actualidad un cerebro educado que nos permita encontrar el camino hacia un futuro resplandeciente, donde podamos incorporar a cada individuo del planeta para su goce y bienestar.

CEREBRO EDUCADO

De los años de locura
y los años de holgura,
sí apenas me acuerdo,
que los he vivido para contarlos.
Porque ahora que he adquirido sabiduría,
ni las piernas, ni los brazos
obedecen el mandato
de tan educado cerebro.
Ahora que tengo la cultura,
y realmente he comenzado a saber,
a sentir y comprender,

que a medida que pasa el tiempo,
crece nuestro sentido de hermandad,
pero el cuerpo se debilita.
La mente ebullente,
con tanto conocimiento efervescente,
la forzamos a descansar,
mientras nuestra alma se agita,
inquieta y sin fuerza
con el torrente de ideas sabias,
atascadas en el laberinto infinito,
de prejuicios mal concebidos
y de sueños nunca realizados.
¿Podremos algún día alcanzar
nuestra igualdad fraternal?
Tal vez solo al descubrir
nuestra amortalidad.
Entonces los viejos
con su sabiduría,
tendrán cuerpos de vigor,
y los jóvenes comprenderán,
el real valor de una sincera hermandad.

El legado

"Nadie nace odiando a otra persona por el color de su piel,
su origen o su religión"
- Nelson Mandela

Antes de analizar nuestro legado, podemos dialogar acerca de cuáles serían nuestras acciones de conocer el día y hora en que vamos a morir.

¿Tendríamos la valentía de reconocer nuestros errores y corregir nuestras acciones en aquel limitado tiempo?

De acuerdo con lo que sabemos de muchos que han sido testigos de los últimos minutos de alguna persona, es que en aquel instante en que sabemos que no volveremos a ver la luz del día, nos vienen nuestra claridad de arrepentimientos de todas las acciones nefastas que hemos sido responsables durante nuestra vida.

Necesitamos la extremaunción. Queremos liberarnos de nuestra culpa. Deseamos de una pincelada borrar nuestras malas acciones. Mientras dichas acciones desfilan ante nuestros ojos en el espacio de segundos, en un desesperado y último intento, queremos liberarnos de los cargos de conciencia que probablemente se desvanecerán en ese instante o nos acompañarán en nuestra eternidad, si aun así lo creemos.

Hablar de nuestro legado en vida basado en nuestras acciones es una teoría aleatoria, al igual que adivinar 6 números consecutivos del 1 al 49 que serán los ganadores de la próxima lotería multimillonaria.

Actualmente, y esto no es algo nuevo, parecemos estar nuevamente atravesando por un período de la humanidad de gran vacío individual.

El hombre común parece estar fuera de control de su destino, perdido en un paraíso movedizo, luchando por no sumergirse en su propio pantano de desesperación, que lo asfixia sin tener control, y perdiéndose en un infierno donde el bienestar de hoy puede convertirse en segundos en una pesadilla permanente.

La clase media económica mundial que numéricamente es la segunda más abundante, después de la clase de desvalidos, está siendo manipulada por un populismo ultra derechista en la misma forma de siempre y por el mismo poder económico.

Vargas Llosa en su ensayo sobre La Verdad de Las Mentiras, lo describe en forma simple y directa: *aunque en teoría, el Estado (los gobiernos capitalistas democráticos actuales) representa a la colectividad, en la práctica (los gobiernos) son siempre regidos por una aristocracia, a veces política, a veces religiosa, a veces militar, a veces científica, con combinaciones diversas, cuyo poder y privilegio la sitúan a distancias inalcanzables del hombre común.*

Sin ser apocalípticos, de lo único que estamos seguros de estar bajo el control individual del hombre común, es el legado que va a dejar a aquellos que están más cerca de su vivencia, mientras este universo frágil no nos juegue una mala pasada y nos destruya en una fracción de segundos.

Por ello debemos preguntarnos:

¿Cuál va a ser mi legado?

¿Cuál será el tuyo?...

¿...el de mis familiares, mis amigos, mis enemigos, mis colegas, mis jefes y mis subalternos?

Algo que tenemos todos en común y somos igualitarios es nuestro paso por este planeta, que es corto y definido.

No tenemos idea de su duración, porque aunque llegamos cronológicamente a este mundo, nuestro día final es aleatorio, pero por de pronto a todos nos llegará.

Durante nuestra estadía, todos dejaremos alguna huella o recuerdo.

A los representantes del poder o de las masas populares, les construiremos estatuas, recordatorios permanentes, leyendas escritas por sus seguidores, alabadores o historiadores. También estarán las críticas de sus detractores.

Numéricamente estos individuos, quienes se consideran importantes para influir en la futura guía de la raza humana, serán los menos.

De acuerdo con lo que hemos visto a través de nuestra historia, el grueso de la población de este planeta-el hombre común que continúa multiplicándose a diario-siempre ha sido y probablemente continuará siendo alrededor de un 98 por ciento de la totalidad del planeta. Una vez fallecido, pasará a ser nada más que algún recuerdo efímero y fugaz en la mente de los que lo conocieron, y con suerte alguien lo enterrará poniendo una lápida con su nombre.

Tenemos conciencia, aunque sin confirmación, de probablemente estar siendo dirigidos por poderes superiores sobre nuestro paso terrenal, el cual podría estar planificado y controlado. Esta idea filosófica determinista nos ha influido en nuestra conducta por muchas generaciones.

Pero aún contamos con un pequeño gramo de independencia que nos permite realizar ciertas acciones que nos dan algún sentido de dignidad y respeto individual a diario. Como lo dijo Nelson Mandela "nadie nace odiando a otra persona por el color de su piel, o su origen, o su religión. La gente tiene que aprender a odiar, y si ellos pueden aprender a odiar, también se les puede enseñar a amar. El amor llega más naturalmente al corazón humano que su contrario".

Y ese pequeño, pero gran aporte, es nuestro único y humilde legado.

Cada individuo es poseedor de su propia realidad.

Esta realidad es la acumulación de conocimientos y experiencias que nos hacen únicos a nuestros exclusivos devaneos cotidianos.

Las realidades individuales son todas diferentes en lo relativo a su espacio y tiempo de desarrollo, tanto que es imposible encapsularlas o representarlas.

Estas realidades no pueden ser comparadas, duplicadas o repetidas.

Por ejemplo, la realidad de Richard Dawkins en Inglaterra con su cuasi científica razón de la inexistencia de Dios y la del Papa Francisco en El Vaticano, con su total convicción de la existencia de tal ser, son dos realidades totalmente ajenas y diferentes.

Lo que sí las une es que en este momento ambas vivencias deben respetarse, aprender el uno del otro y dialogar sus diferencias en lugar de crear odios o confrontaciones inútiles por convencer al resto del mundo quién tiene la razón.

La realidad del infante nacido en Aleppo, Siria en medio de un conflicto bélico brutal, va a ser totalmente distinta a la del nacido en la isla de Manhattan en Nueva York de padres millonarios.

Las realidades de Mark Carney, máximo dirigente del Banco de Inglaterra en el 2017 sobre la globalización y la importancia de mantener mercados abiertos y la de Donald Trump, millonario recientemente elegido Presidente de Estados Unidos a partir del 2017 que desea destruir los pactos mercantiles globales y construir murallas contra inmigrantes hispanos, también van a ser totalmente distintas y con diferentes impactos en la vida en millares de individuos.

Mi realidad y la de mis hermanos han sido totalmente exclusivas y hemos experimentado diferentes situaciones que nos han hecho crecer en forma única.

Pero estas diferentes realidades no deben estar encaminadas a nuestra propia destrucción. Porque aunque seamos de cualquier creencia o cultura, al ser parte de la gran mayoría común, nuestras realidades únicas convergerán con otras realidades, las cuales debemos respetar.

Si bien es cierto que pasaremos totalmente inadvertidos por la mayoría de nuestros coterráneos, con suerte, en forma prolongada hasta unas cuantas generaciones, dejaremos alguna marca de nuestra conducta, trabajo o pensamientos. Algunos pocos individuos cercanos se acordarán por un tiempo limitado de ellas y con un dignificado elemento de convicción las trasmitirán o al final pasarán al olvido en las siguientes generaciones.

Algunos escribiremos, otros dialogaremos, inventaremos, construiremos, demoleremos, daremos vida, cantaremos, seremos científicos, religiosos, artistas, deportistas, militares, sepultadores, evangelistas, comediantes o profesionales de algún otro rubro.

Las realidades humanas siempre serán diferentes y variadas como la mente del homosapiens moderno, que ha logrado crear un mundo temporal con grandes diversificaciones de actividades en la cual utilizar su estadía terrenal para darle cierta significancia a su vida.

En cuanto las realidades individuales son diferenciales, la unificación de la raza humana está en su constitución biológica. En su mayoría tenemos dos ojos, dos orejas, una boca, dos pulmones, un corazón, un hígado, un estómago, dos brazos, dos piernas, y así sucesivamente.

Tenemos distintas formaciones de ojos, y colores de piel, pero sufrimos de las mismas dolencias físicas y enfermedades que nos atacan. Hablamos distintos idiomas, pero nos podemos comunicar entre todos. Captamos distintas sensaciones con distintas intensidades, pero reaccionamos uniformemente ante el dolor, la desesperación y el abandono.

Vivimos en un mundo físico circunstancial que en su mayoría está fuera de nuestro control.

Son estas circunstancias las que influyen y penetran nuestro mundo biológico espiritual, convirtiéndolos en nuestra realidad del momento.

Estamos rodeados desde la infancia de seres ficticios que son los que nos ayudan a entretenernos, en transformar variadas circunstancias para vivir y experimentar nuestras imaginarias realidades. Las generaciones venideras vivirán nuevamente con los recuerdos de aquellas realidades personales de altos jerarcas, asimismo como las de personajes imaginarios.

Continuaremos viviendo las aventuras de Superman, el Hombre Araña (Spiderman), el Hombre Murciélago (Batman), Capitán América, y los caracteres de Disney, Hanna Barbera y Marvel.

Nuestros hijos, familiares o amigos se marcharán a otros confines de este basto planeta o a lo mejor a otro planeta, en busca de nuevas realidades que llenarán sus vidas abandonando su propia identidad ancestral.

Se adaptarán a una nueva geografía y medio ambiente. Aprenderán de otras culturas o idiomas limitando el propio. Batallarán entre el bien y el mal en su exclusiva trayectoria a un recuerdo lejano de todo lo que fue la razón de su existencia y que de a poco pasará al olvido.

Somos egolátrica y miópicamente céntricos.

Pensamos que somos el centro del universo, y fanfarrónicamente hemos creado seres superiores a imagen y semejanza nuestra.

Esta monogamia espiritual la utilizamos tanto para el bien como para proteger nuestros delitos, y en su nombre cometer los actos más diabólicos de nuestra injustificada digna rabia.

La realidad es que mirado en el contexto de lo que hemos descubierto y creado, somos el equivalente de un grano de arena en el total desierto de Sahara, o el tamaño insignificante de nuestro planeta dentro de los millones de galaxias existentes.

Cósmicamente hemos tenido la maravillosa oportunidad de haber transformado nuestras vidas de una energía central a organismos pensantes e inteligentes. Vivimos en un planeta que cíclicamente gracias a un medio ambiente que se ha proliferado por la combinación de materia y química, con una matemática increíblemente precisa, mantiene una equilibrada combinación de tiempo orbital en un sistema dependiente de un sol que nos irradia energía.

Sabemos que este equilibrio no puede ser eterno.

Cada uno de nosotros somos el resultado fortuito de la unión de un espermatozoide con un óvulo, que podría haber tenido una multitud de diferentes resultados.

Cada día que envejecemos nos percatamos de nuestra insignificancia, hasta el punto de convertirnos en un microscópico elemento de este universo que recién estamos comenzando a descubrir.

La gran mayoría de los habitantes humanos de este planeta están totalmente convencidos de que nuestra evolución tiene que ser la obra maestra de un ser más superior a nosotros. Es impensable que vengamos de la nada y ser sólo algo cósmico tan insignificante, que a través de permutaciones químicas en un tiempo de más de 10 millones de años (que en materia de tiempo espacial también es insignificante) nos ha dado nuestra presente forma corporal.

Es esta misma soberbia humana, especialmente dentro de la clase poderosa, la que nos tiene enclaustrados en riñas dementes que en un corto plazo pierden su valor y significancia, al tanto que pensamos que esas acciones nos convertirán en una persona de mayor valor y respeto.

El planificado y limitado paso terrenal actual es la más real de las igualdades que aún tenemos entre los poderosos, los comunes y los desvalidos.

Todos sin excepción somos mortales.

Si lográramos entender esta insignificancia antes de morir, entonces a todo nivel debiéramos continuamente promover con pasión que nuestras palabras de buena voluntad sean reflejadas por nuestras acciones y nuestro sincero propósito sea el de ayudarnos en lugar de matarnos.

Debemos ponernos de acuerdo en este planeta por un ideal de solidaridad tan solo para que nuestra mente y cuerpo dejen un legado de continuo mejoramiento en un espacio físico, para que nuestros herederos vivan en un paraíso en lugar de un infierno.

El gran paradigma entre espíritu inmortal y cuerpo mortal que cada uno de nosotros lleva dentro como cargamento sicológico y emocional en continua lucha, es el que nos hace muchas veces optar por un camino de hipocresías y falsedades.

La más simple y real verdad de nuestras mentiras es que:

Hablamos de bondad y practicamos abusos, odios y riñas de matones.

Deseamos igualdad, pero siempre y cuando sea a mi manera.

Queremos cambios, cuando es hecho por nosotros pero no cuando ese cambio se nos hace a nosotros.

Practicamos la limosna y la confesión como forma de perdón por nuestros crímenes, pero reincidimos en los mismos delitos.

Criticamos al que realiza labores de cambio sin pensar en una mejor opción.

Predicamos amor, pensando en el próximo engaño.

Deseamos proteger el medio ambiente, pero continuamos a diario utilizando hidrocarburos.

Realizamos campañas de avance para los desvalidos, pero al mismo tiempo aceptamos las matanzas de niños y adultos en otros confines del planeta para nuestra protección.

Predicamos ética y moral, pero practicamos poligamia y corrupción.

Producimos vídeos de cómo salvar el planeta, mientras seguimos utilizando bolsas de plásticos en nuestras compras diarias.

La lista es infinita.

El planeta está en medio de la formación de lo que podríamos vaticinar como *La Tormenta Perfecta*.

Una tormenta perfecta es poderosa y destructiva y por ello debe tener a lo menos tres factores fundamentales para ocasionarla.

En la actualidad estos factores parecen ser: la crisis mundial financiera; la explosión cibernética ocasionada por la edad digital; y la globalización que ha conectado a todo el planeta.

Ningún líder mundial puede escapar a estos tres elementos vitales, tan pronto como sus decisiones diarias, sean mayores o pequeñas, tendrán un impacto con múltiples consecuencias entre los que habitan en el paraíso como la multitud que se revuelca en la barro de la miseria. Las instituciones políticas, eclesiásticas y policiales han perdido el respeto de los pueblos por sus corrupciones, degeneraciones sexuales y abusos de poder expuestos por la explosión comunicativa digital.

Frenar la inmigración de los desvalidos a las partes del planeta que viven en la abundancia consumista desmedida a través de violencia y murallas de contención, sólo pavimentará el camino para que la Tormenta Perfecta con el impulso de las redes sociales lleven al planeta a un estado de caos o total anarquía.

El destruir acuerdos sobre pactos comerciales y climatéricos destinados a mejorar la calidad de vida de todo el planeta, que nos han llevado más de dos mil años en implementar, sólo servirá para apaciguar a los de ultra derecha, los supremacistas que desean mantener la esclavitud y a los ególatras que piensan controlar a las masas populares con un populismo aleatorio. Estas acciones últimamente nos conducirán a violentas demostraciones callejeras, nuevos pánicos financieros, mayores confrontaciones sociales, raciales, religiosas con vandalismo, terrorismo, guerras y destrucción.

La pregunta es: ¿Soy yo un elemento contribuyente a esta real tormenta y de su legado destructivo que dejará a los que más aprecio?

A través de nuestros cortos años de permanencia en esta Tierra (que debiera llamarse Agua que es más abundante que la Tierra de este planeta), hemos explorado nuestras tergiversadas características psicológicas, para concluir que en nuestros microscópicos mundos, el más abundante legado como seres humanos que cada uno de nosotros dejamos es la cruda enseñanza que somos nuestros propios peores enemigos y verdugos.

Por ello somos esclavos de controles externos que en alguna medida lógica y con cierto sentido común, nuestros antepasados han ido estableciendo y que es lo que nos permiten continuar hasta el momento sobreviviendo en este planeta, que diariamente lo estamos dilapidando y destruyendo.

Si realmente deseamos dejar un legado a las generaciones venideras, éste debe ser la enseñanza y adiestramiento en la correcta utilización del sentido común que hemos estado dialogando.

Por ello debemos demandar que los líderes poderosos de este mundo moderno unan sus realidades de discrepancias en forma de adultos responsables, para disminuir las diferencias económicas entre las clases sociales, demostrar sinceridad y ética moral, evitar confrontaciones de matonaje y manejar el armamentismo nuclear/biológico existente como una herramienta de protección al individuo y su libertad, en lugar de armas de destrucción masiva.

Por otro lado, individualmente debemos demostrar sin lugar a dudas que la suma de cada uno de nuestros comportamientos basado en los pilares de convivencia, serán el padrón de la gran mayoría mundial para mejorar nuestra calidad de vida a nivel de familia, con el debido respeto al medio ambiente y nuestro impacto en los cambios climáticos actuales.

Debemos hacernos miembros permanentes de una Sociedad Global del Sentido Común (SGSC) que la designaremos como la protectora de la raza humana. La estrategia de esta SGSC debe tener los siguientes principales enunciados:

1.- Vivir a diario por sobre los embates del poder codicioso y ególatra establecido en política, trabajo, religión y educación, que solo están en conflictos permanentes por una ignorante lucha de un poder irracional que nos llevará a nuestra propia destrucción.

2.- Promover las enseñanzas e ideas prácticas de sentido común obtenidas a través del esfuerzo y sacrificio de nuestros antepasados, especialmente las que han creado instituciones de equilibrio y control necesarios para nuestra sobrevivencia.

3.- Luchar continuamente para que el libre albedrío del conocimiento entre todos los humanos no sea enclaustrado por las fuerzas nefastas del poder abusivo, que pretenden amordazar a la masa popular y quitarles sus derechos de elección para mantenerlas bajo su control y dominio.

4.- Promulgar continuamente los pilares individuales de convivencia.

5.- Denunciar y mantener en jaque la digna rabia y la corrupción del poder cualquiera que estos sean.

6.- Comprender nuestro comportamiento diario en la utilización de todos los recursos que impactan el medio ambiente y acortan la existencia de este planeta.

7. Enfrentarnos valientemente con nuestros propios demonios internos y no escondernos en las drogas y el alcohol para sentirnos confortablemente aturdidos.

Es el conocimiento global unido y compartido, el cual nos permitirá a través de un diálogo sincero, la reunión de un esfuerzo común dedicado al continuo surgimiento de la grandeza del espíritu humano.

Tenemos un universo inmenso por conocer y un tiempo limitado para entenderlo.

Las contribuciones individuales en la debida aplicación de nuestro sentido común serán las que nos llevarán a la conquista de nuevas fronteras fuera de este planeta.

Es necesario que cada uno de nosotros comience a conocer cuál es el límite de nuestros deseos materiales que rompen el marco de nuestras verdaderas necesidades, los cuales solo representan nuestra egolátrica codicia y que debemos continuamente controlarlos.

He ahí, al final, el título de este ensayo. Diálogos sobre nuestra sociedad dividida y mi contribución a la mantención de la misma.

Nuestro primer mandato es continuar este diálogo en forma honesta con la familia, los amigos y los colegas sobre los reales enemigos, que comienzan con mi ego inmaduro, con deseos irreales y un conocimiento limitado de la verdad.

La meta debe ser continuamente enfrentar a ese enemigo personal utilizando nuestra mente inteligente, mezclando empatía con un par de gramos de lógica y utilizar decisiones pragmáticas en momentos críticos basados en hechos irrefutables, en lugar de aceptar verdades ficticias y contaminadas por las redes sociales.

Antes de cerrar esta parte del diálogo, quiero recordar que comencé con las estrofas de Atahualpa Yupanki un gran compositor musical y su profundo conocimiento humano.

Deseo dejar este diálogo abierto, pero teniendo presente las estrofas de otro gran compositor musical de nuestra época, John Lennon y su profunda visión de lo que realmente significa el valor de vivir. Su tema: *Imagine* o en español: *Imagínate*.

Imagine there's no heaven (Imagínate que no hay paraíso)
It is easy if you try (Es fácil si lo intentas)
No hell below us (Ningún infierno debajo de nosotros)
Above us only sky (Sobre nosotros sólo un cielo)
Imagine all the people (Imagínate toda la gente)
Living for today (Viviendo por este día)
Imagine there's no countries (Imagínate que no hay países)
It isn't hard to do (No es difícil lograrlo)

Un nuevo enemigo: Covid-19

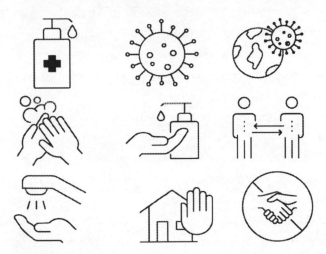

"Ganar es un hábito. Desgraciadamente, perder también lo es."
- Vince Lombardi

La última jugada

Vivimos en una época de delicada fragilidad y precaria estabilidad.

El análisis que realizamos a diario a través de las redes sociales sobre nuevos ataques digitales o virales son muy valederos, y cada uno de los tópicos que se presentan es materia de preocupación para todos.

Entre estos temas de alto tráfico en el Internet, están las estafas digitales del orden de los 4 billones de dólares anuales, manifestaciones de Hong Kong por la libertad, Paris y Santiago a fines del 2019 por reformas políticas sociales que se convirtieron en un llamado de alerta para todos los que sólo hasta ese momento nos preocupábamos de proteger nuestras cuentas bancarias, en desmedro de los candentes temas de libertad personal y desniveles económicos.

Las redes sociales digitales nos ha dado la posibilidad a ser un reportero investigador de los acontecimientos diarios entregando nuestra versión en cualquier tópico que deseemos. Pero esta gran herramienta no necesariamente nos hace un reportero de la verdad.

Por ello, existen múltiples interpretaciones sobre esta última pandemia y la manera de enfrentarla.

"La tarea de elegir alternativas de cómo equipar nuestros consultorios y entrenar a nuestro personal para hacer frente el coronavirus está llena de incertidumbres. Esto se hace aún más dificultoso al saber que los científicos no tienen un verdadero entendimiento de las características de este patógeno".

Lo anterior es una introducción a una carta abierta para todos sus colegas dentistas canadienses del Dr. Paul H. Korne, de Montreal, al tratar de explicarles las múltiples interpretaciones que vienen a continuación de una pandemia como la del corona virus del 2020 para continuar atendiendo a pacientes.

Cuando ni siquiera la clase inteligente de individuos que agrupa a profesionales con educación universitaria y prácticas de odontología establecida cuenta con una científica respuesta en materia de salud, en cómo proceder en sus prácticas dentales para evitar una mayor contaminación viral, no podemos esperar que el común de la población mundial tenga la menor idea del origen de este patógeno, cómo protegerse y su potencia de infiltración en nuestras vidas.

El filósofo hindú Jiddu Krishnamurti decía que entender, captar una cosa, es adquirir consciencia de lo que es sin interpretar ni condenar. Es ver lo que hay, no poniéndole conceptos, no pensándolo, no comparándolo.

De estas infecciones vírales, cada vez más frecuentes y más poderosas, no sabemos aún lo que son, pero todo el mundo tiene una interpretación y las condena en las formas más simplistas o con extremas confabulaciones, entregado recetas por los medios sociales digitales que en su mayoría no cuentan con validez científica y lógica.

En el caso del Covid-19, de Jefes de Estado al individuo más bajo en la escala humana, de doctores a expertos en inmunología, desde el principio de esta pandemia, cada uno tenía una distinta interpretación del origen del mortal virus y de cómo eliminarlo.

Con el acceso inmediato a los acontecimientos en las más diversas regiones del planeta, comenzamos rápidamente a tener un cuadro diabólico de la potencia de este virus. Quienes tenían medios económicos suficientes optaron por el aislamiento y distanciamiento social, al tanto que los pobres se tuvieron que enfrentar con el dilema de o ser contagiados por acudir a sus fuentes de trabajo, o no trabajar y por falta de dinero morirse de hambre.

Fue así como rápidamente desde comienzos del 2020, nuestras preocupaciones sobre crypto estafas y estallidos sociales se volcaron sobre una pandemia mundial de proporciones. Este despertar fue tan brusco, que mientras nos duele que nos roben dinero del banco y que los temas de la libertad personal y diferencias económicas no se nos deban olvidar, un virus maligno vino a despertarnos para recordarnos que nadie está eximido a la mortalidad de un ataque pandémico.

La gran diferencia entre ataques digitales o estallidos sociales en distintas partes del globo y los de una pandemia como la del Covid-19, es que sólo este ataque viral podía ser mortal, no solo para los estafados o los manifestantes, sino para todos.

Por ello, la sociedad mundial, dividida entre los que tienen y los que no tienen, pasó en 24 horas de una batalla diaria con invisibles hackers digitales apoderándose de nuestras cuentas bancarias, a una lucha por libertades personales, a un estallido social con una distorsionada ilusión de equilibrarnos económicamente, a un enemigo viral silencioso y mortal.

Este poderoso virus-que al no enfrentarlo con la debida prontitud de antídotos eficaces nos podría aniquilar a todos-mató rápidamente a miles de individuos, sin respeto de país o fronteras y en general a todos cuyos sistemas inmunológicos eran débiles o ineficaces para defenderse.

Los jóvenes mostraron mayor resistencia al ataque que los de más avanzada edad, pero hasta el mismo doctor descubridor del virus sucumbió a este enemigo inesperado.

Los medios de comunicación y pantallas de internet comenzaron a mostrarnos ambulancias, personal sanitario cubiertos como astronautas, calles desiertas en las ciudades más visitadas del planeta y estadísticas globales de contagiados y muertos por el ataque viral violento.

Lo que aún no habían conseguido los hackers ni los manifestantes sociales para ponernos de rodilla a implorar misericordia, sí lo consiguió un solitario virus.

A este brutal enemigo que bautizamos Covid-19, es uno más de la serie de coronavirus que nos atacan, pero que esta vez en un instante detuvo al planeta, incluyendo a los hackers y a los manifestantes sociales. Al conocer su poderío obligó a los que tenían recursos económicos a esconderse en sus indefensas trincheras domésticas, aprendiendo rápidamente lo miopes y sin criterio que somos de sentirnos inmortales, sólo hasta cuando la muerte viene a golpearnos a nuestra propia puerta.

Históricamente en los conflictos bélicos nos hemos matado por razones económicas, diferencias de raza, creencias religiosas, o simplemente por la maniática egolatría de algún monarca o líder político por conquistar poder.

Todas las anteriores guerras las habíamos combatido con ejércitos y armamento, enfrentándonos en campos de batalla en extendidas campañas de matanzas y dolor.

En el 2020, un microscópico y diminuto virus nos demostró que ni el mejor ejército del mundo puede poner de rodillas desde el Primer Ministro de Gran Bretaña hasta el más remoto habitante de la Patagonia en un periodo de solo 90 días.

Un virus poderoso tiene la capacidad de atacar continentes y convertir a todos sus habitantes en rebaños de indefensos e incongruentes individuos. Porque cuando todos nos contagiamos para enfrentarnos con nuestra propia mortalidad, seamos jóvenes o ancianos, blancos o negros, hombres o mujeres, eruditos o analfabetos, ricos o pobres, nobles o plebeyos, místicos o ateos, de derecha o de izquierda; nuestras preocupaciones políticas, religiosas, económicas, sociales, culturales, sexo, raza o edad pasan a un plano de olvidada importancia.

Eso se debe no solo a un principio de sobrevivencia del homosapiens, sino a un individual e increíble temor que de monarcas a plebeyos, o de poderosos a esclavos le tememos a una muerte inesperada, que es algo-hasta este momento en nuestra evolución-que a todos nos llegará por igual, pero que no deseamos ser sus tempranas e inocentes víctimas.

La muerte no tiene frontera, país, cultura, raza, religión ni sexo.

Debemos saber prepararnos para enfrentarla, por cuanto ello nos ayuda en el diario vivir para realmente comprender nuestra existencia. Sin embargo, es paralizante el recibir su invitación en forma intempestiva.

Sólo existe un grupo de individuos en este planeta que están entrenados para morir en cualquier día. En todas las escuelas militares mundiales, a los jóvenes reclutas se les adiestra a cómo enfrentar al enemigo y estar dispuestos al sacrificio máximo.

Pero el grueso de la población civil no cuenta con tal preparación, y aunque en guerras del pasado siglo ya hemos experimentado con armas químicas, nunca en el mundo de los privilegiados nos había tocado un enfrentamiento con algo tan eficaz como este virus.

El Covid-19 es un microscópico ejército viral, con un elemento nuevo: altas cifras de víctimas producto de soldados invisibles que penetran indefectiblemente nuestras vías respiratorias.

Esta pandemia es el primer ensayo en este siglo que los países primer mundistas han experimentado para analizar el tipo de impacto y preparación que debe existir para contener y derrotar un ataque biológico de esta naturaleza.

También es la gran oportunidad para entender que en el futuro, las guerras por razones de poder económico, no serán con ejércitos que se enfrentarán en un campo de batalla. Las guerras futuras serán biológicas.

Ya no se trata de quién tiene el dominio de las más avanzadas armas nucleares de destrucción masiva. Armando un pequeño laboratorio en el sótano de una casa, comprando elementos en el almacén de la esquina podemos experimentar e ignorantemente crear un ejército viral más poderoso que cualquier arma nuclear. O aún más ingenuamente podemos continuar en mercados abiertos pasando contaminantes de animales a seres humanos.

Por ello, las nuevas defensas de fronteras con sus indefensas comunidades, deben ser avanzados centros inmunológicos para controlar y capturar cualquier virus mortal que pueda autogenerarse y penetrar a los hogares de sus habitantes.

En el reciente ataque, la más inmediata y primitiva defensa fue detener el tráfico aéreo mundial seguido de cuarentenas con encarcelamiento voluntario destinado a detener la propagación por contagios múltiples, sabiendo que cada segundo de esta preciosa vida es tiempo ganado para derrotar a un enemigo de este calibre.

El aislamiento como una forma de parar pandemia no es algo reciente o nuevo. Esto lo hemos practicado a partir de los ataques vírales de siglos pasados, donde no contábamos con la tecnología ni la ciencia moderna que acelera en la actualidad la capacidad de los sabios del mundo para encontrar antídotos contra estos virus.

Ahora entendemos que la forma de cómo vivimos y nos relacionamos a diario entre individuos, parejas, familias, amistades, comunidades y países, no solo nos demuestra la verdadera persona que somos, sino también la forma como nos traspasamos infecciones virales, dándoles la fuerza que necesitan para multiplicarse.

Los virus no son solo ataques digitales que paralizan nuestros computadores, sino reales enemigos que penetran nuestros cuerpos para terminar nuestras vidas.

Por ello con este tercer coronavirus de este siglo, volvimos a aplicarnos una cuarentena mundial de aislamiento individual que se convirtió en un ejercicio personal de introspección para enfrentarnos con nuestros propios demonios, inflexibilidad, abanderamiento político, rabia injustificada, egolatría, ambición e inventada inmortalidad. Todas ellas expresadas en comportamientos con múltiples expresiones durante nuestras ansias de cambiar el neoliberalismo vigente a fines del 2019, por algo mejor que no conocemos ni sabemos cómo implementarlo.

Al aislamiento le tuvimos que agregar distancia social y eso nos ayudó a comprender-sin prejuicios, sin competencias y con humildes expectativas-cómo nos deberíamos relacionar en planos de igualdad para derrotar a cualquier futuro ejército microscópico de gran poder para matarnos.

Hemos más de una vez utilizado la ingenuidad para salvaguardarnos de una destrucción total y evitarnos nuestro propio anticipado Apocalipsis.

Sabemos que la principal estrategia en una guerra biológica de esta magnitud es ganarle tiempo a la muerte, para que la inteligencia de los más estudiosos y científicos del planeta, con la gran ayuda de la nueva tecnología digital, nos permitan eliminar la pandemia con la creación de efectivos antídotos en un corto plazo. Para ello, hemos comenzado a mantener múltiples avanzados centros inmunológicos dedicados a dicha defensa.

Ahora sabemos que si las diferencias económicas, la corrupción ética y moral del narcotráfico, así mismo como de políticos, instituciones civiles y eclesiásticas no nos ha aniquilado aún, una pandemia más poderosa que el Covid-19 por venir, sí que nos aniquilará.

Basta con mirar la progresión y propagación de los nuevos virus con sus mutaciones para saberlo.

El vencedor de este tipo de guerra futura será el que tenga la mejor sobrevivencia inmunológica, con múltiples antídotos para prevenir una violenta carnicería humana.

Analicemos nuestra defensa en el 2020 contra el ataque viral del Covid-19.

Los sobrevivientes después de 90 días de batalla fueron tanto pobres o ricos, jóvenes o viejos, ateos o místicos, blancos o negros, orientales u occidentales, profesionales o trabajadores en diferentes y distantes países. Es decir que el ataque no pudo ser dirigido a un gobierno o segmento específico de la población.

Las estadísticas de ser verídicas y no manipuladas, demostraron en su comienzo que en esta ocasión la mortalidad se produjo inicialmente en la población mundial con edad superior a los 50 años.

Pero analicemos el resto de los impactos.

Con anterioridad a tener bajo control el ataque, demostrable en el aplanamiento de la curva de fatalidades y víctimas de la contaminación viral, las redes sociales y medios de comunicación comenzaron con las viejas prácticas de encontrar culpables de la pandemia, con conspiraciones falsas y a polarizar a los atacados con la puesta en marcha de la economía mundial detenida por el aislamiento. Aun no habíamos limpiado el campo de batalla con contagiados y muertos, pero ya habíamos reanudado con vigor nuevas luchas de culpabilidad y corrupción del poder.

Tal cual en pandemias anteriores, en cuanto tenemos el antídoto, solemos olvidarnos de las lecciones que debiéramos haber aprendido para reanudar nuestras acostumbradas luchas sociales de poder y corrupción.

La escritura y las palabras son conceptos que interpretan un pensamiento.

Según los filósofos y psicoanalistas, los humanos creamos un pensamiento que se transforma en un concepto luego de una acción en la cual hemos fracasado.

El cerebro solo comienza a pensar cuando una adversidad golpea nuestra diaria realidad desde algunos rincones exteriores sobre los cuales no tenemos control. Caso contrario vivimos en confortable somnolencia para sentirnos mejor y hacer lo que más nos convenga en ese instante.

El Covid-19 fue aquella adversidad que nos sacó por un instante de aquella inútil lucha por destruir lo que nos mantiene vivos y nos llevó a un encierro físico, forzándonos a formalizar conceptos y nuevos pensamientos en la forma que continuamente nos debemos relacionar con el mundo físico exterior.

Nuestras realidades nunca son racionales y predecibles, sino más bien cambiantes y por ello continuamente nos estamos adaptando a dichas circunstancias.

De pronto nos dimos cuenta de que el café de la esquina, las palomas de la plaza, el cartero, el basurero, el almacenero, el chofer del bus, el panadero, el jardinero y otra serie de personas que giran alrededor nuestro, eran personas y pájaros de extremada importancia en nuestras vidas.

Porque la nueva adversidad que viene a continuación de una pandemia como esta, que produjo una paralización económica global, es el desastre financiero, con múltiples repercusiones que se originan al detener las actividades mercantiles del 20 por ciento de los privilegiados del planeta que tiene capacidad consumidora.

Por ello, el pensamiento de los privilegiados giró del enfrentamiento al horno crematorio-a donde fueron a parar las iniciales víctimas del Covid-19-, al dinero. Las redes sociales y los medios comunicativos oficiales dejaron de preocuparse por el estado de salud de los contagiados, por no poder abrazar a los familiares, o por los millones de inmigrantes esparcidos en diferentes campos de refugiados, o los millones que sufren hambruna que mata a diario a más humanos que el nuevo virus.

Con este ataque viral, los privilegiados nos dimos cuenta de que primeramente nos debemos preocupar no sólo de enterrar a las víctimas, sino de nuestra propia salud mental y física debido al aislamiento que difícilmente podemos manejar.

Segundo, nuestra atención se vuelca en el abastecimiento de alimentos y elementos sanitarios para sobrevivir y corremos a los almacenes para limpiar sus inventarios.

Tercero, debemos preocuparnos de nuestros estados financieros y fuentes de trabajo, para mantener funcionando nuestra máquina del consumo, la misma que nos mantiene divididos entre los que tienen y los que no tienen.

Cuarto, nos damos cuenta que todos aquellos personajes que facilitan nuestra vida diaria con sus servicios en nuestro paraíso, son más importantes que los que les damos crédito y valor.

Quinto, la brecha económica vigente que es la misma que intentamos cambiar continuamente, incluyendo a fines del 2019, con violencia, enfrentamientos callejeros y la destrucción de fuentes de trabajo mediante el vandalismo, es algo que nos permite funcionar como sociedad.

El microscópico virus nos enseñó en escasos 90 días que nuestras diferencias económicas, clasistas, lucha por la libertad y estafas digitales, pasan definitivamente a un segundo plano cuando se trata de enfrentarnos con escoger entre la vida o la muerte.

Para protegernos de este ataque mortal, velozmente nos impusimos un aislamiento y distanciamiento mayor que el que estábamos conscientemente logrando con violencias callejeras para desmantelar la misma economía que en una pandemia valoramos para sobrevivir.

Si antes del ataque viral podíamos solucionar discrepancias sociales y políticas al darnos la mano, un abrazo y tal vez un beso en la mejilla, lo cual nos hace humanos, de pronto esta potencial solución a nuestras diferencias filosóficas y desigualdades desapareció.

El aislamiento y distanciamiento obligatorio no sabíamos si iba a ser temporal o permanente, pero de cualquier forma nos cambió la manera de relacionarnos a futuro con nuestra familia, amigos, personal de los servicios que frecuentamos e incluso adversarios para intentar resolver nuestras desigualdades y desavenencias.

El virus mortal nos entregó otras realidades:

A) Podemos detener la actividad mercantil mundial por tres meses y sobrevivir con las nefastas consecuencias de una salud mental y financiera en continuo deterioro para todos por venir.

B) Los privilegiados no podemos continuar nuestra presente forma de vivir si la actividad mercantil mundial está detenida más allá del límite de los inventarios de consumo vigentes.

C) La sobrevivencia de los habitantes de países primer y tercer mundistas depende de la presente actividad económica y las instituciones que la mantienen. El intentar destruir ambas sin un plan mejor para remplazarlas nos golpeará más fuerte que cualquier pandemia.

D) Nuestras desigualdades son necesarias en cualquier situación de riesgo para complementarnos y sobrevivir.

E) Lo básico es tener salud física y mental nutrida por generosidad y elementos básicos basados en una provisión ininterrumpida de alimentos, sanidad, energía y agua potable sin contaminación.

F) No somos capaces ni soportamos mentalmente vivir en un estado de aislamiento temporal, menos aún si este se torna permanente.

G) Debemos apoyar y proteger a los trabajadores de la salud e instituciones de soporte básico, quienes son los verdaderos héroes en cualquier pandemia.

H) Los mejores alimentos de sobrevivencia provienen de las tierras agrícolas productivas que nos rodean y no de edificios o urbanizaciones.

I) Los gobiernos deben tener como prioridad la mantención de centros inmunológicos y hospitales.

Muy pronto olvidaremos estas realidades, ya que si fuésemos racionales, hubiésemos escuchado las predicciones lógicas en el 2015 que Bill Gates nos entregó en lo relativo a la debida preparación para enfrentarnos con una pandemia mundial.

El SAR del 2003 nos pasó el primer aviso sobre nuestra fragilidad ante un ataque viral o bacteriológico, pero no entendimos su comunicado.

El segundo fue el MERS, otro tipo de coronavirus que afectó al Medio Oriente, que se hizo presente en el 2012 y que continúa ocasionando muertes por la vía respiratoria, pero que ha sido controlado.

Luego vino la tercera advertencia con la infección del Ebola en el oeste de Africa en el 2014, que logramos dominarla antes que se convirtiera en una pandemia global.

Pero como dichas realidades no impactaron a todo el planeta y logramos detener su propagación sin mayores consecuencias, no pensamos que el pronóstico en el 2015 de Gates tenía validez y lo ignoramos.

Dichas adversidades sólo habían sido experimentadas por grupos humanos en algún lugar del globo tan a la distancia, tan fuera de nuestro radar económico, tan incongruentes con nuestras diarios conflictos ignorantes, que no constituían una seria advertencia de peligro mortal para todos los que vivimos en la región planetaria de los privilegiados.

Esto cambió con el Covid-19, donde llegamos a aceptar vivir como algo lógico en un estado de permanente vigilancia, típica de gobiernos totalitarios con grandes restricciones a nuestras libertades de movimiento, creándonos situaciones complicadas de las más diversas formas.

Esta pandemia nos obligó a ejercer un distanciamiento no solo por nuestras desigualdades económicas, del barrio donde vivimos, la actividad que realizamos, al colegio al cual fuimos, el dinero que ganamos o a la pareja con la que coexistimos, sino para mantenernos inmunes.

También tuvimos que distanciarnos del transeúnte que cruzaba nuestro camino, del cajero en el supermercado, el amigo que deseaba visitarnos bajo pena de recibir una multa por no tener un salvoconducto oficial. Todos pasamos a ser potenciales enemigos portadores del virus que podía causar a otro la muerte.

El aislamiento y su impacto en la salud mental tuvimos que enfrentarlo a diario sin el soporte de psicólogos, trabajadores sociales o psiquiatras.

Algunos nos sometimos a un toque de queda obligatorio desde el ocaso hasta la madrugada para detener la curva del contagio.

El médico que calma nuestras dolencias acumuladas por el tiempo, sólo se comunicó por teléfono o por video conferencia para entregarnos su siguiente diagnóstico paliativo.

El dentista que cura nuestras caries y limpia nuestras encías de bacterias para tener dientes sanos cuando nos alimentamos, no pudo atendernos hasta que se lo permitiera un comunicado del ministerio de salud correspondiente.

El farmacéutico sólo comenzó a dispensar drogas de mantención.

Ninguna actividad donde exista un contacto humano a menos de dos metros de distancia pudo ejecutar sus labores.

Aprendimos a lavarnos las manos a lo menos diez veces al día y no tocarnos la cara.

Desinfectar todo cuanto haya tenido algún contacto con otra persona.

Ponernos guantes y usar máscaras protectoras para todas las actividades externas.

Aislar a nuestros abuelos para no contagiarlos y matarlos.

Nuestra forma de vivir cambió en un espacio de 90 días, todo ocasionado por un virus contagiosamente mortal y por no haber escuchado a Bill Gates cuando nos anticipó una adversidad tan severa con cinco años de anticipación.

Nuestros líderes mundiales también fracasaron en escuchar dicha advertencia para una rápida contención del Covid-19. Sin excepción, todos trataron esta pandemia como si fuera algo inventado que bajo ninguna circunstancia afectaría a las potencias mundiales. Para todos ellos su máximo temor fue el impacto en el sistema neoliberal económico vigente, en desmedro de las advertencias científicas de mantener la estadía en el hogar como única forma protectora.

Seguido en la escala de delegación de responsabilidades, los líderes regionales se confundieron entre el mensaje de sus superiores y de los equipos de salud mostrándoles las víctimas diarias, sin saber quién decía verdades o mentiras y así determinar las regulaciones destinadas a proteger del peligro a la ciudadanía.

Las arcas fiscales de los países se vaciaron y su sistema de recolección de impuestos se detuvo cuando los trabajadores que los pagan quedaron cesantes.

Solo los heroicos trabajadores de la salud mundial laboraron sin cesar para dar alivio a los contagiados y llevar al crematorio a los muertos.

Pero en estas realidades de un conflicto mundial viral de esta naturaleza, muchos optaron pronto por reemplazarlas con un empuje económico y un rápido despertar a esa conocida sociedad consumidora neoliberal que domina el planeta. Esa misma sociedad ahora más dividida entre los privilegiados sobrevivientes, donde difícilmente podremos distinguir quienes son amigos y quienes son los verdaderos enemigos.

En conflictos bélicos anteriores, la Cruz Roja acudía a los campos de batalla inmediatamente a levantar hospitales de campaña para sanar a los heridos y enterrar a los muertos, evitando la propagación de otras enfermedades. En esta guerra viral, los hospitales no estaban preparados para dicha labor. Comenzaron por depender inicialmente en pruebas de laboratorio que eran escasas, y estaban limitadas para determinar quiénes eran los portadores del contagio y así aislarlos de los sanos y de otros que estaban muriéndose. Al margen de ello no contaban con la debida infraestructura sanitaria para atender al elevado número de pacientes diarios que rápidamente colapsaron los sistemas de cuidado intensivo.

Sin duda que en cuanto los países levanten el distanciamiento, nos olvidaremos de los contagiados y de las estadísticas de crematorios. Rápidamente los medios comunicativos y redes sociales volcarán su atención al desastre financiero, los juicios legales por culpabilidad de muertes, las trincheras antagónicas para promulgar o para oponerse a las nuevas demostraciones y confrontaciones callejeras destinadas a ingenuamente solucionar nuestras diferencias financieras, ahora más profundas, y demandar una inmediata mejor calidad de vida.

Los gobiernos encontrarán la forma de incrementar los impuestos de la clase media, que los paga para rellenar las arcas fiscales vacías por la cesantía de la clase trabajadora y los subsidios entregados.

Si el ataque viral vuelve con más vigor, trataremos de encontrar al endemoniado creador del virus atacante o investigaremos alguna conspiración internacional destinada a conseguir una ventaja económica por patentes con el nuevo antídoto o vacuna. Pero en ningún caso aceptaremos que fue ocasionado por nuestra estupidez humana prematura de no habernos quedado en casa por el periodo correspondiente a una cuarentena protectora, que más que ello en estos casos se puede transformar en una sextena (seis meses de aislamiento), o en una anualena (un año de aislamiento). Este es el tiempo necesario incluso con la moderna tecnología existente hasta encontrar la vacuna y antídotos para detener una contaminación y mortalidad de esta envergadura.

Mientras tanto para enfrentarnos con las próximas batallas virales debemos aprender de estas realidades lo siguiente:

-Aceptar nuestra fragilidad, vulnerabilidad, y sabios consejos de quienes son más hábiles e inteligentes que el maníaco ego de nuestros líderes mundiales, con sus políticas erradas en materia de salud pública;

-Practicar control sobre nuestra total estupidez consumidora, eliminando mercados abiertos de animales muertos contagiosos que están ayudando a los ejércitos virales de estas pandemias;

-Informarnos para no ser portadores de una grandiosa insensibilidad por el dolor ajeno, porque las estadísticas mortales están demostrando que un determinado grupo es más vulnerable que otro a ser su víctima;

-Educarnos en la importancia de saber distinguir y mantener aquellas instituciones de salud pública que nos permiten sobrevivir estas caóticas realidades y de esta manera volver a darnos la mano, abrazarnos y besarnos como en antaño para solucionar nuestras discrepancias; y

-Demandar de nuestros gobiernos que la búsqueda del remedio no se convierta en una lucha económica internacional de patentes mientras millones se mueren esperando por los medicamentos paliativos.

Es nuestro deber obligar a la clase gobernante en implementar un modelo más adecuado para evitar que la salud mundial se convierta en un negocio diabólico. Para ello debemos declarar este tipo de farmacología como gratuita e integrarla al sistema de salud mundial a través de la Organización Mundial de la Salud. Esto involucra también salir del neoliberalismo consumidor y resolver los dilemas económicos y de alimentación básicos para todos y no solo dedicarse a promulgar la libre empresa sin ética y moral en sus comportamientos.

Si somos tan testarudos para cambiar nuestros nefastos hábitos sin ser capaces de aprender un nuevo comportamiento ante estos presentes ataques virales y los más fuertes por venir, al menos escuchemos sin prejuicios los consejos de aquellos individuos más sabios, que con sus humanos defectos, nos están mostrando cómo sobrevivir dentro de nuestra caótica sociedad dividida.

Comportémonos como individuos con algunos gramos de ética y sentido común cuando se trate de proteger la salud de nuestros seres queridos.

No nos olvidemos que en lo que va de este siglo, ésta es la cuarta advertencia de una mayor pandemia más poderosa por venir.

Tal como sucede en el juego del fútbol americano, estamos jugando en el último cuarto y la siguiente jugada puede ser el final del partido. El mariscal del equipo de Coronavirus está pronto a lanzar su nuevo ataque. La defensa del equipo Raza Humana tiene que detenerlo para vencerlo. El reloj está marcando y la Raza Humana no puede mal utilizarlo en disputas con aquellos maniáticos líderes populistas y egocéntricos, quienes solo están preocupados de la recaudación del estadio, la mercadería que se vendió, los hot-dogs con cerveza que las masas populares consumieron, el ranking de audiencia de televidentes, en lugar de trabajar conjuntamente verdaderas soluciones lógicas en la defensa para derrotar al mariscal del Coronavirus en su próxima jugada.

Estamos conscientes de que al detener el planeta producimos un impacto financiero de proporciones. Pero tal cual lo hemos demostrado anteriormente, seremos capaces de manejar la especulación monetaria y con la ayuda de la banca central de países industrializados, navegar cualquier tormenta mercantil.

Sin duda la economía mundial, los mercados bursátiles y las instituciones que los manejan, resucitan una vez que el miedo ha pasado, para continuar alimentando la codicia de los especuladores y nuestras querellas entre aquellos que siempre han tenido los tenedores de oro y el resto que sobrevivimos con las cucharas de palo.

Pero la realidad es que todos debemos sin excepción en este ejercicio individual, aprender que estos actos de enfrentamiento a la muerte nos continuarán golpeando a futuro, para recordarnos duramente a ser honradamente humanos. De esta forma aprenderemos lo insignificantes que somos para a diario respetar y ayudar a mejorar la vivencia de todos quienes nos rodean sin desmedro a su posición social, religiosa, raza, sexo o cultura.

La muerte no debemos temerla. Pero tampoco debemos aceptarla, acelerarla, fomentarla o provocársela a otros con nuestro indolente e ignorante comportamiento, arrogancia o plena estupidez.

Escuchemos a los sabios que nos dicen cómo debemos actuar ahora para enfrentarnos con las pandemias por venir.

Debemos todos anhelar que cuando nos llegue el turno en nuestro último suspiro no sentirnos culpables, estar en paz con nosotros al saber que durante nuestra vida hicimos todo lo que estuvo dentro de nuestro control para salvar a los más vulnerables, que competimos en forma leal y respetuosa contra nuestros adversarios, participamos en múltiples actividades logrando las metas que nos propusimos con expectativas de acuerdo a nuestras limitaciones, y que finalmente hemos amado con respeto y humildad a todos aquellos que tuvimos el privilegio de cruzar por sus caminos.

ALGUNAS PREGUNTAS PARA CONTINUAR EL DIALOGO

Si la igualdad y libertad son conceptos básicos de una democracia mundial:

¿Debemos ser como las sardinas-todos homogéneos-para poder convivir en paz disfrutando de las bellezas que nos ofrece este planeta durante nuestra corta estadía?

¿O es que debemos ser constantemente vigilados y privados de ciertas libertades para evitar violencia, actos criminales y vandalismo?

¿O tal vez debamos incrementar aún más la carrera armamentista y controlar a las masas populares con el terrorismo mientras encontramos la nueva receta de una sociedad consumista ignorante del resultado de tal comportamiento?

Si en nuestros países y ciudades hemos permitido dejar crecer los desequilibrios entre poderosos y desvalidos creando barrios de pobreza:

¿Qué haremos a nivel familiar para proteger el desborde de delincuencia y narcotráfico propiciado por el medio socioeconómico de esos barrios?

¿Nos rodearemos de murallas y encarcelaremos a los delincuentes resguardándonos con milicias? ¿O los declararemos terroristas, revolucionarios y contrarios al régimen para justificar sus ejecuciones? ¿o desviaremos su atención promoviendo la usurpación de recursos en un país ajeno? ¿Crearemos más cárceles? ¿Convertimos la justicia en una puerta giratoria para que los criminales y narcotraficantes no sobrepueblen las cárceles? ¿O aumentamos las campañas sobre la legalización de drogas y abusos a los derechos humanos de los criminales en prisión?

Si en nuestra existencia no logramos desarrollar un mejor modelo socioeconómico de bienestar y trabajo honrado global tanto privado como público:

¿Cómo en nuestra flamante economía capitalista de mercado continuamos expandiendo la demanda de consumo que ha llegado a su límite?

¿Podemos seguir propiciando desarrollos e innovaciones de elementos del diario vivir destinados al incremento del desperdicio y de la polución del planeta?

Si la trasparencia de la edad digital es regularizada hasta punto de enmascarar la corrupción del poder a través de las redes sociales:

¿Cómo fiscalizamos el poder corrupto que se convierte en el ganador y controlador de la débil democracia de los desvalidos, mediante la manipulación de información personal extirpadas de las bases de datos de las redes sociales?

¿Pueden los gobiernos obligar a la industria digital a transgredir sus acuerdos de vida privada y entregar información personal por razones de seguridad nacional?

¿Cómo diferenciamos entre la verdad y la mentira promulgada por las redes sociales?

¿Qué derechos tienen las compañías dueñas de buscadores en el internet a vender información personal de sus usuarios por fines de lucro?

Si el comportamiento ético es el instrumento más importante del ser humano para poder vivir en armonía dentro del planeta:

¿Cómo justificamos las diversas razones de matarnos antes del tiempo asignado a nuestras vidas?

¿Debemos aceptar el matonaje individual y de nación como el único y mejor representante de la democracia y valedero dentro de un sistema jurídico internacional?

¿Podemos seguir justificando guerras y genocidios de los países primer mundistas sobre el resto del planeta ocultando sus reales intenciones económicas imperialistas?

Si propiciamos un sistema democrático gubernamental mundial representativo de la mayoría:

¿Es cada democracia representativa realmente una expresión de la voluntad de las masas populares de esa nación?

¿O continuamos utilizando un sistema de votación representativa con colegios electorales que pueden alterar el resultado de las urnas para beneficiar los poderes económicos y las conveniencias políticas del momento?

¿O continuamos eligiendo Presidentes y Primer Ministros en forma representativa con desmedro al voto popular?

¿O aceptamos gobiernos electos por menos de la mitad de la mayoría de votantes?

Si deseamos proteger el planeta de cambios climáticos:

¿Porqué los gobiernos primer mundistas eliminan hidrocarburos favoreciendo industrias con energías alternativas?

¿Porqué continuamos utilizando plásticos en la industria alimenticia?

¿Porqué las compañías petroleras siguen invirtiendo billones de dólares para producir más derivados del petróleo?

¿Qué espera la industria automotriz para fabricar vehículos propulsados por energía alternativa al petróleo y expandir su infraestructura de uso?

¿Cuál es nuestra conducta diaria para eliminar elementos que promueven los cambios climáticos?

Si deseamos proteger la salud mundial de pandemias futuras:

¿Quién controla el sistema de patentes internacionales sobre medicamentos críticos para la mantención de la salud mundial?

¿Cómo se financia la Organización Mundial de la Salud para que las súper potencias no la politicen y controlen sus funciones para salvaguardar al planeta de futuras pandemias?

La medicina: ¿es negocio o es un servicio público mundial de cuidado a la salud de la raza humana que debe estar al servicio de todos los habitantes de este planeta?

SOBRE EL FUTURO

Están los pensadores,
y también los seguidores.
Están los que actúan,
y aquellos que critican.
Están los luchadores,
y los contempladores.
Están aquellos que cantan,
junto a otros que lloran.
Están los inventores,
seguidos por los plagiadores.
Están los enamorados,
y los desilusionados.
Están los oradores,
que solo quieren ser escuchados.
Están los oyentes,
juzgadores de los habladores.
¿Cómo utilizamos esta diversidad,
para poder terminar siendo igual?

El diálogo continúa abierto. Anota a partir de aquí, tus pensamientos: